FORSCHUNGSBERICHTE DES LANDES NORDRHEIN-WESTFALEN

Herausgegeben
im Auftrage des Ministerpräsidenten Dr. Franz Meyers
von Staatssekretär Professor Dr. h. c. Dr. E. h. Leo Brandt

Nr. 1002

Prof. Dr.-Ing. Walther Wegener
Dr.-Ing. Hans Peuker

Institut für Textiltechnik der Technischen Hochschule Aachen

# Die Beziehung zwischen der Garnungleichmäßigkeit und dem Warenbild textiler Flächengebilde

Als Manuskript gedruckt

Springer Fachmedien Wiesbaden GmbH

1961

ISBN 978-3-663-03420-9   ISBN 978-3-663-04609-7 (eBook)
DOI 10.1007/978-3-663-04609-7

# Gliederung

1. Einleitung .................................. S. 7
    1.1 Definitionen ............................ S. 7
    1.2 Faserendendichte und Faseranzahl im Garnquerschnitt . S. 7
    1.3 Gliederung der Schwankungen ............. S. 9
    1.4 Ideales und tatsächliches Garn .......... S. 12
    1.5 Warenbild und Verkaufswert .............. S. 13
    1.6 Garnungleichmäßigkeit und Warenbild ..... S. 14
2. Ungleichmäßigkeit des Garns ................. S. 15
    2.1 Ungleichmäßigkeits-Merkmale ............. S. 15
    2.2 Korrelation der Merkmale (Maßkorrelation) . S. 16
        2.21 Totale längenabhängige Korrelation .. S. 16
        2.22 Partielle längenabhängige Korrelation . S. 17
    2.3 Mittelwert, Standardabweichung und Variationskoeffizient ............................... S. 18
    2.4 Vertrauensbereich, Vertrauensgrenzen, Mutungsgrenzen und statistische Sicherheit ...... S. 19
        2.41 Vertrauensbereich des Mittelwertes .. S. 19
        2.42 Vertrauensbereich des Variationskoeffizienten . S. 20
        2.43 Vertrauensbereich des Korrelationskoeffizienten . S. 20
        2.44 Vertrauensgrenzen eines durch Auszählung gewonnenen Mittelwertes ............. S. 21
    2.5 Längenvariationskoeffizienten ........... S. 22
    2.6 Prüfmethoden für das Ungleichmäßigkeitsverhalten ... S. 24
        2.61 Geräte und Methoden ................. S. 24
        2.62 Theoretische Behandlung ............. S. 24
    2.7 Materialdichte (Masse) .................. S. 25
    2.8 Kennfunktionen der Ungleichmäßigkeit .... S. 25
        2.81 Längenvariationsfunktion ............ S. 26
            2.811 Kontinuierliche Probenahme ..... S. 26
            2.812 Diskontinuierliche Probenahme .. S. 26
        2.82 Korrelationsfunktion ................ S. 27
            2.821 Korrelographen ................. S. 28
        2.83 Spektrumsfunktion ................... S. 29
            2.831 Spektrographen ................. S. 29

2.9 Beziehungen zwischen den Kennfunktionen . . . . . . . S. 30
    2.91 Längenvariations- und Korrelationsfunktion . . . S. 30
    2.92 Längenvariations- und Spektrumsfunktion . . . . S. 30
    2.93 Korrelations- und Spektrumsfunktion . . . . . . S. 31
2.10 Kennfunktionen des "idealen" Garnes . . . . . . . . . S. 31
    2.101 Ideale Längenvariationsfunktion . . . . . . . . S. 31
        2.1011 Einkomponentiges Idealgarn . . . . . . S. 33
        2.1012 Mehrkomponentiges Idealgarn . . . . . . S. 34
        2.1013 Idealzwirn . . . . . . . . . . . . . . S. 36
    2.102 Korrelationsfunktion des Idealgarnes . . . . . S. 36
    2.103 Spektrumsfunktion des Idealgarnes . . . . . . . S. 37
2.11 Kennfunktionen des tatsächlich ungleichmäßigen Garnes S. 38
    2.111 Störungen . . . . . . . . . . . . . . . . . . . S. 38
    2.112 Auswirkung der Störungen auf die drei Kennfunktionen . . . . . . . . . . . . . . . . S. 39
    2.113 Brauchbarkeit der drei Kennfunktionen . . . . S. 41
    2.114 Benutzte Kennfunktionen . . . . . . . . . . . . S. 42
2.12 Prüftechnische Bestimmung der äußeren Längenvariationskoeffizienten (Auswertmethoden) . . . . . . . . S. 43
    2.121 Mehrfache Summations- und Auswertanlage "Aachen" . . . . . . . . . . . . . . . . . . . S. 46
    2.122 Gleichmäßigkeitsprüfanlage "Uster" mit Spektrograph . . . . . . . . . . . . . . . . . S. 54
2.13 Erweiterte (mehrfache) Längenbezeichnung . . . . . . S. 55
    2.131 Einfluß der Probenahme . . . . . . . . . . . . S. 56
    2.132 Direkte, indirekte und diskontinuierliche Methode . . . . . . . . . . . . . . . . . . . S. 59
2.14 Verarbeitungsgüte des Garnes . . . . . . . . . . . . S. 62

3. Ungleichmäßigkeit der textilen Flächengebilde . . . . . . S. 63
   3.1 Merkmale der Flächen-Ungleichmäßigkeit . . . . . . . . S. 63
   3.2 Materialdichte (Masse) . . . . . . . . . . . . . . . . S. 64
   3.3 Flächenvariationskoeffizienten . . . . . . . . . . . . S. 64
   3.4 Ideale Flächenvariation . . . . . . . . . . . . . . . S. 66
   3.5 Flächenvariationskurven von Geweben . . . . . . . . . S. 68
      3.51 Gewebe-Konstruktion I . . . . . . . . . . . . . S. 69
      3.52 Gewebe-Konstruktion II . . . . . . . . . . . . . S. 72
      3.53 Gewebe-Konstruktion III . . . . . . . . . . . . S. 72
   3.6 Flächenvariationskurven von Gewirken . . . . . . . . . S. 72
   3.7 Apparative Bestimmung der Flächenvariation . . . . . . S. 73

3.8 Verarbeitungsgüte der Flächenherstellung und der
gesamten Fertigung . . . . . . . . . . . . . . . . . . . S. 74

4. Warenbild . . . . . . . . . . . . . . . . . . . . . . . . . S. 75
   4.1 Allgemeine Gesichtspunkte . . . . . . . . . . . . . . S. 75
   4.2 Rangkorrelation . . . . . . . . . . . . . . . . . . . S. 77
   4.3 Garnungleichmäßigkeit und Warenbild . . . . . . . . . S. 77
   4.4 Schnittigkeit, Streifigkeit und Banden . . . . . . . S. 82

5. Vergleichende Untersuchungen des Ungleichmäßigkeitsverhaltens von Garnen und ihren Flächengebilden . . . . . S. 84
   5.1 Zellwolle der Wolltype (Kammgarnspinnerei) . . . . . S. 87

6. Zusammenfassung . . . . . . . . . . . . . . . . . . . . . S. 100

7. Literaturverzeichnis . . . . . . . . . . . . . . . . . . . S. 103

# 1. Einleitung

## 1.1 Definitionen

Als Garn oder Faden im klassischen Sinne wird die statistische Superposition von Einzelelementen, d.h. von Einzelfasern gleicher oder unterschiedlicher Länge, entlang einer Faserverbandsachse bezeichnet, wobei durch Verwinden (Drehungserteilung) die Lage der Einzelfasern gegeneinander fixiert und dem Faserlängsverband die für eine Weiterverarbeitung zu textilen Flächengebilden notwendige Festigkeit verliehen wird. Demnach ist das Vorhandensein eines Häufigkeitsschaubildes der einzelnen Faserlängen (Stapeldiagramm), wie es die Abbildungen 3 und 18 zeigen, ein wesentliches Charakteristikum der im Rahmen dieser Arbeit zu untersuchenden Garne. Seit dem Aufkommen der kunstgeschaffenen Fasern (Chemiefasern) wird als Garn oder Faden auch ein Faserlängsverband bezeichnet, der entweder aus nur einer, praktisch unendlich langen Faser (Monofil) oder aus mehreren, praktisch ebenfalls unendlich langen Fasern (Multifil) besteht und demnach kein Stapelschaubild aufzuweisen hat. Die Ungleichmäßigkeit dieser "stapellosen" Garne wird hier nicht behandelt.

Die große Mannigfaltigkeit <u>textiler Flächengebilde</u> erfordert eine Kennzeichnung nicht nur nach dem zu ihrer Herstellung verwendeten Faser- und Garnmaterial, sondern auch hinsichtlich ihrer Konstruktion. Nach der Art der Fadenanordnung sind zu unterscheiden: Gewebe, Gewirke (Kulier- und Kettenwaren), Flecht- und Klöppelwaren, Tülle und Gardinen, Netze und Posamenten. Die Ungleichmäßigkeit des Warenbildes spielt vor allem bei den Geweben und bei den Gewirken eine große Rolle. In dieser Arbeit wird als Repräsentant aller Flächengebilde das <u>Gewebe</u> angesehen. Den Zusammenhang zwischen der Ungleichmäßigkeit der Garne und der daraus hergestellten <u>Gewirke</u> wird in einer gesonderten Arbeit behandelt (vgl. WEGENER [9] und PEUKER [9]).

## 1.2 Faserendendichte und Faseranzahl im Garnquerschnitt

Selbst bei der günstigsten (idealen) Lage der Fasern zueinander (statistische Zufallsverteilung) schwankt die Anzahl der Einzelfasern von Garnquerschnitt zu Garnquerschnitt. Um derartige Schwankungen zu charakterisieren, betrachtet man ein Garnstück der Länge L, das N Fasern enthält (SULSER [101]). Es wird vorausgesetzt, daß alle Fasern vollkommen gestreckt sind, parallel nebeneinander liegen und sie keinen störenden Außeneinflüssen unterworfen sind. Ist L' der N'te Teil der Länge L und wird - von links nach rechts gehend - die Lage der linken Faserenden betrachtet, so trifft man im Durchschnitt innerhalb der Strecke L' eine Anzahl von $N \cdot \frac{L'}{L}$ linke Faserenden an, die als Faserendendichte $\nu$ zu bezeichnen ist. Es gilt: $\nu = \frac{N}{N'}$. Die Wahrscheinlichkeit, daß das linke Faserende der ersten Faser innerhalb L' angetroffen wird, ist mit $\frac{1}{N'}$ sehr gering, während die Wahrscheinlichkeit, daß es dort nicht erscheint, mit $\frac{N'-1}{N'}$ sehr groß ist. Die Wahrscheinlichkeit, daß das linke Ende der ersten Faser innerhalb L' liegt und die linken Enden aller übrigen Fasern außerhalb L' angetroffen werden, beträgt:

$$\frac{1}{N'} \cdot \left(\frac{N'-1}{N'}\right)^{N-1} .$$

Die Wahrscheinlichkeit, daß von N Faserenden ein beliebiges linkes Ende in L' erscheint und alle übrigen N - 1 Faserenden außerhalb liegen, ist:

$$P(1) = N \cdot \frac{1}{N'} \cdot \left(\frac{N'-1}{N'}\right)^{N-1} .$$

Die Wahrscheinlichkeit, daß von N Enden die beiden ersten in L' zu liegen kommen, während die übrigen außerhalb anzutreffen sind, ist:

$$\frac{1}{N'^2} \cdot \left(\frac{N'-1}{N'}\right)^{N-2} .$$

Die Anzahl der Kombinationen, daß zwei der N Enden innerhalb L' liegen, beträgt dann:

$$\frac{N \cdot (N-1)}{2}$$

und die Wahrscheinlichkeit, daß zwei beliebige Faserenden innerhalb L' auftauchen, ist:

$$P(2) = \frac{1}{N'^2} \cdot \left(\frac{N'-1}{N'}\right)^{N-2} \cdot \frac{N \cdot (N-1)}{2} .$$

Für die Wahrscheinlichkeit, daß n Faserenden in L' erscheinen, gilt dann:

$$P(n) = \frac{N \cdot (N-1) \cdot (N-2) \cdot (N-3) \ldots (N-n+1)}{1 \cdot 2 \cdot 3 \ldots n} \cdot \frac{1}{N'^n} \cdot \left(\frac{N'-1}{N'}\right)^{N-n}$$

$$P(n) = \binom{N}{n} \cdot \frac{1}{N'^n} \cdot \left(\frac{N'-1}{N'}\right)^{N-n} .$$

Aus dieser Häufigkeitsverteilung errechnet sich die Standardabweichung s der Faserendendichte $\nu$ :

$$s_\nu = \left[\frac{1}{N-1} \cdot \sum_{n=1}^{n=N} P(n) \cdot \left(n - \frac{N}{N'}\right)^2\right]^{\frac{1}{2}} .$$

Für ein unendlich kurzes Garnstück, mit dem praktisch der Garnquerschnitt gemeint ist, d.h. bei $L' \to o$ und sehr großem $N'$, erhält man für

$$s_\nu^2 = N \cdot \frac{N'-1}{N'} \cdot \frac{1}{N'}$$

$$s_\nu^2 = \frac{N}{N'} = \nu \quad \text{und} \quad s_\nu = \sqrt{\nu} \; . \tag{1}$$

Ferner ist die Streuung bzw. die Standardabweichung der Faseranzahl im Garnquerschnitt zu bestimmen. Ist n die Anzahl der Fasern und $\bar{\ell}$ die mittlere Faserlänge, so gilt:

$$n = \nu \cdot \frac{\bar{\ell}}{L'} \quad ,$$

d.h. n besteht aus $\frac{\bar{\ell}}{L'}$ Faserendendichten. Jede Faserendendichte besitzt die Standardabweichung bzw. den Fehler $s_\nu$. Mit Hilfe des GAUSSschen Fehlerfortpflanzungsgesetzes ergibt sich nach entsprechenden Umformungen (SULSER [101, 117] und BRENY [117]):

$$s_n = \left[ \frac{\bar{\ell}}{L'} \cdot s_\nu^2 \right]^{\frac{1}{2}} .$$

Weil $\quad \frac{\bar{\ell}}{L'} = \frac{n}{\nu} \quad$ und $\quad s_\nu^2 = \nu$

ist, erhält man: $\quad s_n = \sqrt{n} \; . \tag{2}$

Demnach hängen die durch die Standardabweichungen $s_\nu$ bzw. $s_n$ charakterisierten Schwankungen eines Garnes in erster Linie von der Faserendendichte $\nu$ bzw. von der Anzahl n der Fasern im Garnquerschnitt ab. Die mittlere Faseranzahl $\bar{n}$ ist aus der mittleren Faserfeinheit $\overline{Td}_{Faser}$ bzw. $\overline{Nm}_{Faser}$ und aus der Garnfeinheit $Td_{Garn}$ bzw. $Nm_{Garn}$ leicht zu ermitteln:

$$\bar{n} = \frac{Td_{Garn}}{\overline{Td}_{Faser}} = \frac{\overline{Nm}_{Faser}}{Nm_{Garn}} \; . \tag{3}$$

Der praktische Spinnprozeß läßt jedoch weder eine vollkommene Streck- noch eine vollkommene Parallellage der Fasern zu, so daß der wirkliche, beispielsweise durch Auszählen ermittelte Wert für $\bar{n}$ stets etwas kleiner als der nach (3) errechnete sein wird.

### 1.3 Gliederung der Schwankungen

Alle Schwankungen in der Dichte der Faserenden bzw. in der Anzahl der Fasern von Querschnitt zu Querschnitt, die ein bestimmtes Maß übersteigen, stören sowohl das Aussehen des Garnes (Garnbild) als auch das des daraus hergestellten Gewebes (Warenbild). Außerdem beeinflussen sie die Verarbeitbarkeitseigenschaften der Garne und Gewebe. Zweckmäßig unterteilt man die Schwankungen in vier Gruppen:

A. Diskontinuierlich und relativ selten auftretende Schwankungen. Zu diesen Schwankungen, "Fehler" genannt, gehören: Wachstums-, Ernte- und Verarbeitungsnissen, Noppen, Gries, Knoten, Andreher, Schalenreste, Flusen, Schlunzen, Korkenzieher, Schlingen, Doppelfäden, Flammen, Anflug und Verfilzungen. Manche Fehler, wie beispielsweise alle extrem voluminösen Dickstellen, werden zweckmäßigerweise durch einen dem Webprozeß vorausgehenden Umspulprozeß mittels entsprechender Vorrichtungen (Reinigungsschlitze) ausgeschieden und durch einen anderen, im Warenbild weit weniger störenden Fehler (Knoten) ersetzt. Andere, z.B. durch Vegetabilien hervorgerufene Fehler werden bei Wollgeweben mittels eines Karbonisierprozesses beseitigt. Noppen lassen sich von der Warenoberfläche abzupfen bzw. abschälen, Doppelfäden sind gegen Einzelfäden austauschbar. Nissen müssen beim Baumwoll-Warenbild meist als unvermeidbar hingenommen werden, ihre Häufigkeit kann jedoch, wie WEGENER [8, 10] und PEUKER [8, 10] in einem Beispiel zeigen, durch Veränderungen des Spinnprozesses beeinflußt werden.

Garnfehler, die auch im Warenbild sichtbar sind, müssen vermieden werden. Ihre Beziehungen zum Warenbild werden hier nicht erörtert.

Von Interesse sind:

a) die prüftechnische Bestimmung der Häufigkeit der "Fehler" durch subjektive oder objektive Methoden (NITSCHKE [96], STEIN [166], WILSON [211], BURKHART [167], WEGENER [30] und MEISTER [30], KIRSCHNER [189] und VOGT [201, 202] sowie STEIN [207] und HOBE [207]),

b) die Bemühungen, für zahlenmäßig erfaßbare Fehlerhäufigkeiten eine Rangfolge-Bewertung der Garn- und Warenbildgüte aufzustellen (Seriplan-Bestimmungen der Silc Association of America, Cotton Yarn Appearence Standards for Testing Materials - ASTM Prüfnorm D 414 - 54 T und D 1446 - 53 T).

B. Scharf ausgeprägte periodisch auftretende Schwankungen einer bestimmten Wellenlänge. Diese Schwankungen, "Perioden" genannt, können durch einen regelmäßig intermittierend auftretenden, störenden Einfluß fehlerhafter Maschinenelemente entstehen (FOSTER [59], KÖB [124] und RUOF [124], VOGLER [159], STEIN [169] sowie KÖNIG [195]). Je nachdem, welche Wellenlänge die Garn-Perioden aufweisen, entstehen bei verschiedenen Flächenkonstruktionen und Warenbreiten die mannigfaltigsten "Bilder" (Rauten, Moiré-Effekte). Garnperioden können nach FOSTER [97] bei Kenntnis der Garn-Wellenlänge $\lambda_G$ mittels einer entsprechenden Rietbreite R (Gewebebreite im Webstuhl beim Rietanschlag) dann zum Verschwinden gebracht werden, wenn die Musterverhältniszahl (pattern ratio)

$$M = \frac{2 \cdot R}{\lambda_G} \qquad (4)$$

die Werte M = 0,5 oder 1,5; 2,5; 3,5 usw. annimmt. Die stärkste Ausbildung von Figuren des Gewebes tritt bei M = 1; 2; 3; 4 usw. auf. Meist ist die Warenbreite jedoch vorbestimmt. WEGENER [7] und PEUKER [7] zeigen, daß auch dann, wenn periodenbehaftete Baumwoll-Lunten vorliegen, durch ein entsprechendes Um- und Feinflyern sowie mittels einer Doppelaufsteckung an der Ringspinnmaschine optimale M-Werte und damit musterfreie Gewebebilder erzielt werden können. Das Auffinden von Perioden im Faserlängsverband mit Hilfe der Uster-Spektrogramme und die Ursache dieser Störungen werden von FELIX [140, 141, 196] behandelt. Die "Tachometerformel"

$$\text{Drehzahl des defekten Teiles} = \frac{\text{Liefergeschwindigkeit}}{\text{Wellenlänge}} \qquad (5)$$

leistet hierbei gute Dienste. Im ZELLWEGER-Handbuch zum Spektrograph "Uster" wird der Zusammenhang zwischen den durch das Spektrum charakterisierten ausgeprägten Perioden und dem Warenbild an Hand einiger Beispiele dargestellt. LOCHER [190] veranschaulicht den störenden Einfluß ausgeprägter Perioden auf das Warenbild von Gewirken. Perioden beeinflussen jedoch nicht nur die Verteilung der Fasermasse und somit das Warenbild, sie wirken sich auch, wie FOSTER [168] und TYSON [168] sowie WEGENER [7] und PEUKER [7] zeigen, auf die Reißfestigkeit der Garne nachteilig aus. Die Beziehung ausgeprägter periodischer Garnschwankungen zum Warenbild ist also weitgehend definiert worden, so daß auch auf diese Schwankungsart nicht näher eingegangen zu werden braucht.

C. Nicht scharf ausgeprägte, quasi-periodisch auftretende Schwankungen, die um eine mittlere Wellenlänge streuen. Diese Schwankungen, "Verzugswellen" genannt, entstehen bei jedem mittels Klemmwalzen an Faserlängsverbänden durchgeführten Verzugsvorgang. Ihre Ursache sind nach BALLS [44] die in den Verzugszonen unkontrolliert sich bewegenden "schwimmenden" kurzen Fasern. FOSTER [62] und MARTINDALE [62] fanden mittels einer Korrelogramm-Analyse, daß die mittlere Wellenlänge $\bar{\lambda}$ der Verzugswelle eine Funktion der Verzugshöhe D sowie der Streckfeldweite h ist:

$$\overline{\lambda} = a \cdot D(h-b) + ch + d,\tag{6}$$

wobei a, b, c und d vom Streckwerk abhängige Konstanten sind und b ungefähr der mittleren Stapellänge $\overline{l}$ entspricht (vgl. auch CAVANEY [142], FOSTER [142] und ANDERSON [142] sowie das Handbuch II für den Spektrograph "Uster"). Wie WEGENER [10, 17, 18] und PEUKER [10, 17, 18] zeigen, treten Verzugswellen besonders bei denjenigen Baumwoll- und Zellwollgarnen stark in Erscheinung, die unter Verwendung von Ringspinnmaschinen-Höchstverzügen nach dem flyerlosen Faserband-Spinnprozeß gefertigt wurden. Die Verzugswellen sind also, im Gegensatz zu den scharf ausgeprägten Perioden, unvermeidbar; sie beeinflussen das Warenbild und sollen in dieser Arbeit, sofern sie in den Spektrogrammen hinreichend erkennbar sind, berücksichtigt werden.

D. Schwankungen kontinuierlicher Art mit aperiodischem Charakter, die keine der unter A bis C genannten Schwankungen enthalten. Diese allein als "Ungleichmäßigkeit" zu bezeichnenden Schwankungen treten immer bei aus Stapelfasern gefertigten Faserlängsverbänden auf. Selbst wenn keine Störung der Faser-Zufallsverteilung vorliegt, tritt eine Streuung der Faserendendichte und der Faseranzahl auf, so daß Ungleichmäßigkeiten unvermeidbar sind. Im folgenden ist mit "Ungleichmäßigkeiten" stets diese vierte Gruppe möglicher Schwankungen gemeint.

## 1.4 Ideales und tatsächliches Garn

Die Faserverteilung ist also selbst bei einem ganz ohne Fehler, ohne Perioden und ohne Verzugswellen mit dem bestdenkbaren "idealen" Spinnprozeß gesponnenen Garn (Idealgarn) nicht vollkommen gleichmäßig. Gemäß den Wahrscheinlichkeitsgesetzen ist das "ideale" Garn mit einer bestimmten Mindestungleichmäßigkeit (ideale Ungleichmäßigkeit) behaftet, zu der noch die bei einem "tatsächlichen" Spinnprozeß auftretenden störenden Einflüsse hinzukommen. In Wirklichkeit können also nur Garne mit einer "tatsächlichen" Ungleichmäßigkeit gefertigt und geprüft werden. Allgemein wird, wie noch eingehend zu erörtern ist, das Ungleichmäßigkeitsverhalten durch den Variationskoeffizienten V ausgedrückt. Für ein Garn von "tatsächlicher" Ungleichmäßigkeit (Index t) gilt unter Berücksichtigung der zusätzlichen Schwankungen, die durch den tatsächlichen Spinnprozeß (R = Ringspinnmaschine, F = Flyer, S = Strecken,

K = Karden, M = Mischen) zur "idealen" Ungleichmäßigkeit (Index i) hinzukommen:

$$V^2_{\text{Garn t}} = V^2_{\text{Garn i}} + V^2_{\text{Spinnprozeß}} \tag{7a}$$

$$V^2_{\text{Spinnprozeß}} = V^2_R + V^2_F + V^2_S + V^2_K + V^2_M{}^{1)}. \tag{7b}$$

CAVANEY [142], FOSTER [142] und ANDERSON [142] haben die Abhängigkeit der zu dem idealen Variationskoeffizienten hinzukommenden Spinnprozeß-Variationskoeffizienten V in Abhängigkeit von dem Verzug, von dem Zylinderabstand, von der Dublierung und von der Faserlängsverbandsfeinheit in Gleichungen festgelegt. Sie erhalten beispielsweise:

$$V^2_F = \alpha_F \frac{\text{Nm}_{\text{Band}}}{D} (\text{Verzug} - 1) + \frac{V^2_{\text{Band}}}{D} \tag{7c}$$

$$V^2_R = \beta \left[ \alpha_R \frac{\text{Nm}_{\text{Lunte}}}{D} (\text{Verzug} - 1{,}43) + \frac{V^2_{\text{Lunte}}}{D} \right]. \tag{7d}$$

Es bedeuten:

D = Dublierung

$\alpha_F$, $\alpha_R$ und $\beta$ nicht konstante Faktoren

(Die Autoren benutzten $\alpha_F$ = 29,6, $\alpha_R$ = 13 und $\beta$ = 0,73).

Der Spinner sollte bestrebt sein, die tatsächliche Ungleichmäßigkeit seiner Garne der idealen, praktisch jedoch nie erreichbaren Ungleichmäßigkeit weitgehend anzunähern, d.h. den Spinnprozeß so vollkommen wie möglich zu gestalten.

## 1.5 Warenbild und Verkaufswert

Ungleichmäßig im Aussehen wirkt ein Gewebe

a) infolge der Ungleichmäßigkeiten der verarbeiteten Garne und

b) infolge der durch den Webprozeß hinzugekommenen Schwankungen.

---

1. Diese Gleichung wird hier nur der Anschaulichkeit halber wiedergegeben. In Wirklichkeit sind die Zusammenhänge, sofern die Längenabhängigkeit der Variationskoeffizienten berücksichtigt wird, weitaus komplizierter (siehe Gleichungen 57a und 57b im Abschnitt 2.14 sowie die $CB(L)_t$- und $K(L)_t$-Kurven korrespondierender (korrigierter) Längen bei WEGENER [22] und ZAHN [22] sowie WEGENER [37]). Bezüglich der Addition von Variationskoeffizienten siehe auch die Informationen der ZELLWEGER AG [210].

Unter der Voraussetzung, daß ein optimaler, d.h. ein möglichst störungsfreier Webprozeß vorliegt, ergibt sich bei der Verwendung eines sehr gleichmäßigen Garnes auch ein optimal gleichmäßiges Warenbild. Ein Gewebe kann hinsichtlich der erwünschten Gebrauchswerte (Widerstandsfestigkeit gegen Scheuer-, Formänderungs-, Wasser-, Waschmittel-, Wetter-, Licht- und Temperatur-Beanspruchung) noch so gute Prüfergebnisse aufweisen; wenn das Warenbild nicht befriedigt, sinkt der Verkaufs- oder Marktwert dennoch beträchtlich. Das gilt allgemein selbst für diejenigen Flächengebilde, bei denen die Gleichmäßigkeit des Aussehens gegenüber den Gebrauchswerten bestimmungsgemäß nur eine untergeordnete Rolle spielt (Filterstoffe, Siebgewebe, Transportbänder und -filze, Futterstoffe, Scheuertücher, Sackleinen und Berufsbekleidungsstoffe). Bedingt durch die derzeitigen Abnahmebedingungen wird auch hier ungerechtfertigt ein entsprechend gleichmäßiges Aussehen verlangt. Ausgenommen von dieser Forderung sind diejenigen Flächengebilde, bei denen durch die Verwendung von absichtlich fehlerhaft, periodenbehaftet und ungleichmäßig gesponnenen "Effektgarnen" und "Effektzwirnen" ein bestimmtes, modisch bedingtes ungleichmäßiges Warenbild (Effekt) erzielt werden soll. Effektgarne und ihre Warenbilder stehen in dieser Arbeit nicht zur Diskussion. Bei ihnen hat die Forderung nach einem möglichst fehler- und periodenfreien sowie gleichmäßigen Warenbild keine Gültigkeit mehr. Hier müssen technologische Gesichtspunkte modischen Aspekten weichen, womit gleichzeitig das Gebiet objektiver Prüfverfahren verlassen wird und der Geltungsbereich der Verhaltensforschung einsetzt.

## 1.6 Garnungleichmäßigkeit und Warenbild

"Über die Beziehung zwischen der Ungleichmäßigkeit des Garnes und der des Flächengebildes, speziell des Warenbildes, liegen bislang - mit Ausnahme einiger, nur wenig befriedigender Hinweise - keine ausführlichen Versuchsergebnisse vor". Mit dieser Feststellung endete im April 1953 die vom I.W.S. in London veranstaltete Tagung über das Thema "Yarn and Fabric Irregularity". Dabei wurde von CARTER auf die Dringlichkeit hingewiesen, von allzu vagen, nur theoretisch unterbauten Analysen Abstand zu nehmen und die Beziehungen zunächst auf breiter Basis durch umfangreiche Versuche an Hand verschiedener Materialien zu klären. Diese Forderung, die Beziehung zwischen der Garn- und der Gewebeungleichmäßigkeit unter Einbeziehung des Warenbildes quantitativ zu untersuchen und die Einflußbereiche enger zu umgrenzen, betonte auch SCHUBERT [130] anläßlich eines auf der Textiltechnischen Tagung der ADT im VDI in Münster 1954 gehaltenen Vortrages. Das Hauptziel derartiger Untersuchungen muß es sein, die Ungleichmäßigkeit des Garnes mit der Ungleichmäßigkeit der daraus hergestellten Flächengebilde in Beziehung zu bringen, damit die zur Zeit an Garnen so zahlreich vorgenommenen Ungleichmäßigkeits-Messungen rationeller ausgewertet werden können. Dies bedeutet, daß die Ungleichmäßigkeit der aus den Garnen gefertigten Flächengebilde im voraus, also von der Garn-Ungleichmäßigkeit her, bestimmt werden soll.

Für die vorliegende Arbeit wurden drei Zellwollgarne mit unterschiedlichen Faserlängen und Faserfeinheiten, die alle einen normalen Verkaufswert aufweisen, gesponnen und verwebt (vgl. Abschnitt 5). Es wird das Ungleichmäßigkeitsverhalten aller Garnlängen- und aller Gewebeflächenbereiche untersucht. Die Warenbilder finden hierbei besondere Beachtung. Zahlreiche weitere Garne verschiedener Provenienzen, Nummern, Mischungszusammensetzungen und Spinnprozesse und die daraus hergestellten Flächengebilde (Gewebe und Gewirke) sowie die Einzelheiten der angewendeten Prüfmethoden werden von WEGENER [1 bis 20] und PEUKER [1 bis 20] in gesonderten Arbeiten behandelt.

## 2. Ungleichmäßigkeit des Garnes

Charakteristisch für den Fertigungsprozeß der Spinnereien sind die aufeinanderfolgenden, mehr oder weniger zahlreichen Verzugsprozeß-Stufen, die ein Faserlängsverband (Vlies, Faserband, Lunte, Garn) durchlaufen muß. Das Garn - im Sinne der unter 1.1 gebrachten Definition - ist das Endprodukt der Verzugsprozesse. Ein Zwirn ist das Endprodukt eines an den Feinspinnprozeß sich anschließenden Dubliervorganges (Fachen und Zwirnen); ein Verzugsvorgang tritt hierbei nicht mehr auf.

Die im folgenden speziell für das Garn und sein Ungleichmäßigkeitsverhalten gemachten Aussagen haben in vielen Fällen Allgemeingültigkeit, d.h. sie können auf jeden Faserlängsverband angewendet werden.

### 2.1 Ungleichmäßigkeits-Merkmale

Um die Schwankungen, speziell die Ungleichmäßigkeiten entlang der Faserverbandsachse eines Garnes zu charakterisieren, stehen verschiedene Merkmale zur Verfügung. Die Merkmale Faserendendichte, Faseranzahl und Durchmesser können direkt auf jeden Garnquerschnitt[2] bezogen werden,

---

2. Der Querschnitt selbst ist auch ein Ungleichmäßigkeits-Merkmal

während die Merkmale Materialdichte (Masse), Volumen, Drehung, Festigkeit und Dehnung vorwiegend längenabhängig sind.

## 2.2 Korrelation der Merkmale (Maßkorrelation)[3]

Die Ungleichmäßigkeits-Merkmale eines Garnes stehen in Wechselbeziehung, d.h. sie korrelieren miteinander. Für eine zahlenmäßige Erfassung dieser gegenseitigen Beziehungen wird der Korrelationskoeffizient r ermittelt[4]. Der Korrelationskoeffizient kann Werte zwischen + 1 und - 1 annehmen. Der Zusammenhang zwischen den Merkmalen ist um so straffer, je näher $|r|$ an 1 heranreicht, wobei r = + 1 auf eine exakt gleichsinnige, r = o auf keine und r = - 1 auf eine exakt gegenläufige Beziehung hinweist. Die in der Literatur oft als allgemeingültig hingestellten Korrelationskoeffizienten sind jedoch mit Vorsicht zu betrachten. Ihnen liegen häufig verschiedene Prüfverfahren und unterschiedliche Bezugslängen zugrunde. Ihre Gültigkeit erstreckt sich oft nur auf bestimmte Provenienzen oder Spinnverfahren. Es steht jedoch fest, daß bei den Garnen die totale Korrelation der Merkmale Masse-Festigkeit positiv (vgl. LOCHER [86]), die der Merkmale Masse-Drehung negativ (MONFORT [102]) und die der Merkmale Festigkeit-Drehung ebenfalls negativ ist. WEGENER [26] und ZAHN [26] zeigen, daß diese Wechselbeziehungen der Garn-Merkmale wiederum von der jeweiligen Provenienz des Fasermaterials, von der Nummer des Garnes und von den jeweiligen Drehungen abhängig sind.

### 2.21 Totale längenabhängige Korrelation

Wegen der großen Bedeutung, die in dieser Arbeit dem Einfluß unterschiedlicher Garnlängen zukommt, sei bereits hier mittels der Abbildung 1 auf die Längenabhängigkeit der in Wechselbeziehung stehenden Merkmale Materialdichte (Masse) M, Drehung T, Festigkeit P und Dehnung $\varepsilon$ hingewiesen.

Die linke Figur der Abbildung 1 zeigt den Verlauf der totalen Korrelationskoeffizienten und die damit verknüpfte Bewertung eines stochastischen Zusammenhanges zwischen den Werten <u>zweier</u> Meßreihen. Demnach besitzt beispielsweise eine dickere Stelle des Garnes eine größere Festigkeit als eine dünnere Stelle ($r_{MP}$ positiv). Eine Stelle mit geringer

---

3. Im Gegensatz hierzu die Rangkorrelation Abschnitt 4.2
4. Bezüglich der Berechnung des totalen Korrelationskoeffizienten r bei großen und kleinen Stichprobenumfängen sei auf KENDALL [66], YULE [79] und KENDALL [79], FISHER [170], GRAF [99] und HENNING [99] und HENNING [197] verwiesen.

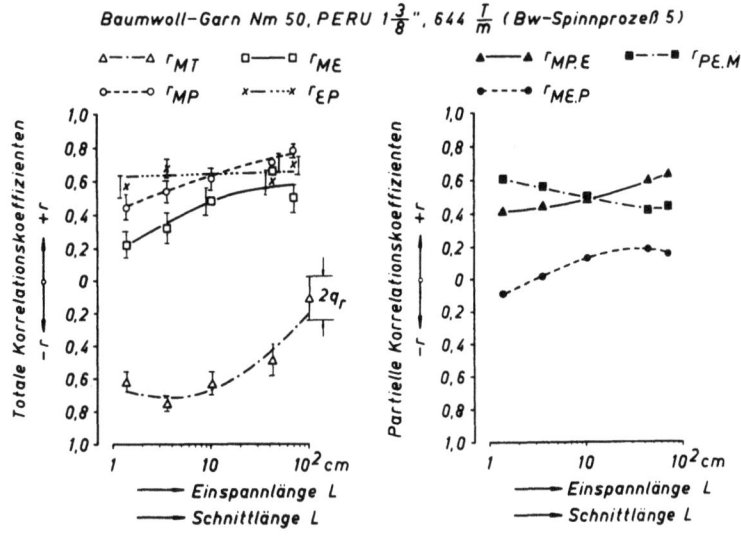

**A b b i l d u n g 1**
Längenabhängigkeit der totalen und partiellen
Korrelationskoeffizienten

Masse weist hingegen eine größere Drehung auf und umgekehrt ($r_{MT}$ negativ). Die Korrelationen Masse-Festigkeit und Masse-Dehnung tendieren mit steigender Garnlänge zu strafferen positiven Wechselbeziehungen. Die Beziehung zwischen dem Merkmal Masse M und dem der Drehung T hingegen ist bei kurzen Garnlängen strammer als bei längeren. Die letztgenannte Feststellung steht in Übereinstimmung mit den von WEGENER [26] und ZAHN [26] für die Längen von 1,5 m und 60 m und für verschiedene Drehungsgrade ermittelten totalen Korrelationskoeffizienten von Baumwollgarnen der Nummern Nm 22 und Nm 32.

## 2.22 Partielle längenabhängige Korrelation

Für die Korrelationskoeffizienten höherer Ordnung gilt nach KENDALL [66] sowie nach YULE [79] und KENDALL [79] allgemein die Gleichung:

$$r_{12.3...n} = \frac{r_{12.3...(n-1)} - r_{1n.3...(n-1)} \cdot r_{2n.3...(n-1)}}{\left(1 - r^2_{1n.3...(n-1)}\right)^{\frac{1}{2}} \cdot \left(1 - r^2_{2n.3...(n-1)}\right)^{\frac{1}{2}}} \ . \tag{8}$$

Für den Fall, daß die totale Korrelation für jedes Paar, das aus drei Variablen gebildet werden kann, bekannt ist, ist es also möglich, irgend eine Variable zu eliminieren. Auf diese Weise kann festgestellt werden, wie sich die Korrelation der restlichen zwei Variablen in einer Grundgesamtheit verhalten würde, wenn die dritte Variable konstant ist. Wenn beispielsweise bei den drei Variablen 1, 2 und 3 nach der Korrelation zwischen 1 und 2 gefragt wird, sofern die Variable 3 eliminiert ist, gilt für den partiellen Korrelationskoeffizienten:

$$r_{12.3} = \frac{r_{12} - r_{13} \cdot r_{23}}{\left(1 - r_{13}^2\right)^{\frac{1}{2}} \cdot \left(1 - r_{23}^2\right)^{\frac{1}{2}}} \quad . \tag{9a}$$

Der partielle Korrelationskoeffizient der Variablen (Merkmale) M, P und T gibt also darüber Aufschluß, wie sich die Festigkeit P mit der Drehung T ändert, wenn die Materialdichte (Masse) M konstant gehalten wird:

$$r_{PT.M} = \frac{r_{PT} - r_{PM} \cdot r_{TM}}{\left(1 - r_{PM}^2\right)^{\frac{1}{2}} \cdot \left(1 - r_{TM}^2\right)^{\frac{1}{2}}} \quad . \tag{9b}$$

Die rechte Figur der Abbildung 1 zeigt den Verlauf der partiellen Korrelationskoeffizienten, für deren Berechnung die entsprechenden Kurvenpunkte der totalen Korrelationskoeffizienten benutzt wurden, so daß sich hier eine Angabe der Vertrauensbereiche[5] erübrigt. Für die Beziehung Masse-Festigkeit ist der totale Korrelationskoeffizient bei Garnlängen von L = 10,1 cm $r_{MP} \approx + 0,6$. An einer Stelle mit wenig Masse liegt eine geringere Festigkeit vor und umgekehrt (positiver Korrelationskoeffizient). Es wäre falsch, wollte man daraus folgern, daß eine Erhöhung der Masse eine Zunahme der Festigkeit zur Folge hat. Diese Frage kann nur über den partiellen Korrelationskoeffizienten, beispielsweise über $r_{MP \cdot \varepsilon} \approx 0,4$ beantwortet werden. Da $r_{MP} > r_{MP \cdot \varepsilon}$ ist, kann gesagt werden, daß die zwischen M und P bestehende Korrelation beispielsweise durch die Ausschaltung des Einflusses der Dehnung etwas reduziert wird. Da die $r_{MP \cdot \varepsilon}$-Werte aber für alle Längen noch hinreichend groß und positiv sind, kann auch gefolgert werden, daß mit einer Erhöhung der Masse auch eine Zunahme der Reißkraft verbunden sein muß.

Für Perlon- und Baumwollgarne verschiedener Nummern und Drehungsgrade stellen WEGENER [1] und PEUKER [1] in einer gesonderten Arbeit den totalen Korrelationskoeffizienten die partiellen gegenüber.

## 2.3 Mittelwert, Standardabweichung und Variationskoeffizient

Um das Ungleichmäßigkeitsverhalten eines der genannten Merkmale zu erfassen, müssen

---

5. Bezüglich der Berechnung der Vertrauensbereiche von r sei auf den Abschnitt 2.43 verwiesen.

a) Registrierkurven,
b) Häufigkeitsverteilungen elektronischer Speicher- und Klassiergeräte,
c) Merkmalsverteilungen von Einzelmessungen

ausgewertet werden. Für die Verteilung der Merkmale bzw. ihrer transformierten Meßergebnisse sind fast ausnahmslos die bereits unter DIN 53804 genormten und bekannten statistischen Auswertgrundsätze für Normalverteilungen anwendbar. Als Variationskoeffizient wird hierbei allgemein das Verhältnis

$$V = \frac{\sigma}{\bar{\mu}} \cdot 100 \quad [\%] \qquad (10)$$

bezeichnet, wobei $\sigma$ die Standardabweichung und $\bar{\mu}$ den Mittelwert einer Grundgesamtheit T (Total) bedeuten.

## 2.4 Vertrauensbereich, Vertrauensgrenzen, Mutungsgrenzen und statistische Sicherheit

Die aus einer Reihe von Meßwerten gewonnenen Kennzahlen (Mittelwert, Standardabweichung, Variationskoeffizient) gelten zunächst nur für die Stichprobe selbst. Eine Stichprobe wird mit dem Ziel entnommen, eine Aussage, beispielsweise über <u>alle</u> Garnquerschnitte und Garnlängen oder über <u>alle</u> Gewebeflächen, zu machen. Für eine Aussage über die Grundgesamtheit T läßt sich eine Stichproben-Kennzahl nur als innerhalb eines bestimmten <u>Vertrauensbereiches</u> oder als oberhalb bzw. unterhalb einer bestimmten Vertrauensgrenze liegend angeben. Aber auch diese Aussage kann nur mit einer bestimmten <u>statistischen Sicherheit S</u>, also mit einer bestimmten Irrtumswahrscheinlichkeit gemacht werden. Beim Arbeiten mit Vertrauensbereichen und Vertrauensgrenzen ist S stets anzugeben. Den statistischen Kennzahlen dieser Arbeit liegt S = 95 % zugrunde.

### 2.41 Vertrauensbereich des Mittelwertes

Der fundamentale Satz, auf welchem die statistische Behandlung der Mittelwerte aufgebaut ist, lautet: "Wenn eine Größe (Merkmal) normalverteilt ist und die Streuung $s^2$ hat, dann ist das Mittel einer zufällig gewählten Beobachtungsreihe von N solchen Größen (Merkmalen) ebenfalls normalverteilt und besitzt die Streuung $\frac{s^2}{N}$".

Für den Vertrauensbereich q eines Stichproben-Mittelwertes $\bar{x}$ gilt:

$$q_{\bar{x}} = \pm t \cdot \frac{s}{\sqrt{N}} \qquad (11)$$

Die Stichproben-Standardabweichung s eines Durchschnittes aus N Werten ist also, wie das beispielsweise auch in dem Wurzelgesetz der Dublierung zum Ausdruck kommt, um den Faktor $\frac{1}{\sqrt{N}}$ kleiner als die der Einzelwerte. Der Faktor t ist entsprechenden Tabellen zu entnehmen.

### 2.42 Vertrauensbereich des Variationskoeffizienten

Für N < 30 ist die obere und untere Vertrauensgrenze $V_o$ und $V_u$ eines Variationskoeffizienten nach PEARSON [52] zu berechnen.

In dieser Arbeit werden keine kleinen Stichprobenumfänge angewandt. Für N > 30 gilt, in Übereinstimmung mit KENDALL [66], WORTHINGTON [84] und MARTIN [171]:

$$q_V = \pm t \cdot \frac{V}{\sqrt{2N}} \cdot \sqrt{1 + \frac{2V^2}{10^4}} \quad [\%], \tag{12}$$

wobei der Wurzelausdruck vernachlässigt werden kann.

Die Vertrauensbereiche der Standardabweichung und die des Variationskoeffizienten können auch mit Hilfe der den jeweiligen Freiheitsgraden entsprechenden Integralgrenzwerte der F-Verteilung berechnet werden. Letztere lassen sich auf einfache Weise als $\varkappa_o$- und $\varkappa_u$-Faktoren aus entsprechenden, von GRAF [99, 111] und HENNING [99, 111] aufgestellten Diagrammen entnehmen.

### 2.43 Vertrauensbereich des Korrelationskoeffizienten

Bei <u>großen</u> Stichprobenumfängen N und mäßig großen oder kleinen Korrelationen ist der Vertrauensbereich $q_r$ eines Korrelationskoeffizienten:

$$q_r = \pm t \frac{1-r^2}{\sqrt{N}} \quad . \tag{13}$$

Das gilt sowohl für die totale als auch für die partielle Korrelation. Wurde bei der Berechnung des partiellen Korrelationskoeffizienten beispielsweise von drei Variablen (Merkmalen) eine Variable konstant gehalten bzw. eliminiert, so ist für N in der Gleichung (13) der Wert N-1 einzusetzen, da der Stichprobenumfang der drei Variablen um 1, d.h. um die Anzahl des konstant gehaltenen Merkmals vermindert werden muß.

Bei <u>kleinen</u> Stichprobenumfängen ist die Untersuchung, ob zwei Korrelationen bedeutsam, d.h. statistisch gesichert voneinander verschieden sind, nach FISHER [170] mittels der Transformation

$$Z = \frac{1}{2}\left[\ln(1+r) - \ln(1-r)\right] \tag{14a}$$

$$Z = r + \frac{1}{3}r^3 + \frac{1}{5}r^5 + \ldots \tag{14b}$$

durchzuführen, wobei Z normalverteilt ist und näherungsweise die Standardabweichung

$$s_Z = \frac{1}{\sqrt{N-3}} \tag{15}$$

aufweist. Dann gilt für den Vertrauensbereich von Z:

$$q_Z = \pm t \cdot s_Z , \tag{16}$$

woraus sich mit Hilfe der Gleichung (14a) leicht die oberen und unteren Vertrauensgrenzen $r_u$ und $r_o$ errechnen lassen. Doch auch bei großen Stichprobenumfängen ist r keinesfalls streng normalverteilt. Für die Berechnung der oberen und der unteren Vertrauensgrenzen der in dieser Abhandlung vorkommenden Korrelationskoeffizienten wurde deshalb der Weg über die transformierte Korrelationsfunktion Z gewählt.

2.44 Vertrauensgrenzen eines durch Auszählung gewonnenen Mittelwertes

Für ein Mischgarn mit $\bar{n}_M$ Fasern im Garnquerschnitt entfallen $\bar{n}_a$ Fasern auf die Komponente A und $\bar{n}_b$ Fasern auf die Komponente B (alternative Fragestellung mit zwei Möglichkeiten für das Merkmal). Dann gibt es beispielsweise für $\bar{n}_a$ eine obere und eine untere Vertrauensgrenze $\bar{n}_{a_o}$ und $\bar{n}_{a_u}$ (Mutungsgrenzen) gemäß

$$\bar{n}_{a_o} = \frac{\bar{n}_M \cdot (n_a + 1) \cdot F_o}{\bar{n}_M - \bar{n}_a + (\bar{n}_a + 1) \cdot F_o} \tag{17a} \qquad \bar{n}_{a_u} = \frac{\bar{n}_M \cdot \bar{n}_a}{\bar{n}_a + (\bar{n}_M - \bar{n}_a + 1) \cdot F_o} \tag{17b}$$

$F_o$ und $F_u$ sind die Integralgrenzwerte der F-Verteilung, die für die Freiheitsgrade $n_1$ und $n_2$ entsprechend

$$\left.\begin{array}{l} n_1 = 2 \cdot (\bar{n}_a + 1) \\ n_2 = 2 \cdot (\bar{n}_M - \bar{n}_a) \end{array}\right\} \text{für } F_o \qquad \left.\begin{array}{l} n_1 = 2 \cdot (\bar{n}_M - \bar{n}_a + 1) \\ n_2 = 2\,\bar{n}_a \end{array}\right\} \text{für } F_u$$

als Tabellen in der mathematisch statistischen Literatur zu finden sind. Bei großen Werten von $n_1$ und $n_2$, wie sie besonders bei den großen Stichprobenumfängen des textilen Prüfwesens vorkommen, liegen keine tabellarischen F-Werte vor; sie können nur durch eine unzureichende Interpolation gewonnen werden. Diesem Mangel wird durch eine kürzlich von

HENNING [197] entwickelte Diagrammdarstellung der F-Werte für hohe Freiheitsgrade $n_1$ und $n_2$ abgeholfen.

## 2.5 Längenvariationskoeffizienten

Ein einzelner Variationskoeffizient eines bestimmten Merkmals sagt nur für eine einzige Garnlänge etwas aus. Beispielsweise wird durch Schneiden und Wiegen von ein Meter langen Garn-Schnittlängen L die Schwankung bzw. der Variationskoeffizient nur dieser Länge erhalten. Dieser statistische Kennwert sagt nichts über die Schwankungen kürzerer oder längerer Garnstücke aus. Schon SOMMER [45] wies im Jahre 1924 und TIPPET [49] im Jahre 1935 darauf hin, daß ein zu einseitiges Vorgehen bei der Bewertung des Ungleichmäßigkeitsverhaltens eines Faserverbandes, d.h. die Berücksichtigung nur einer einzigen Bezugslänge, oft zu unrichtigen Erkenntnissen führt. Heute ist es als gesichert anzusehen, daß die Ungleichmäßigkeit eines Garnes niemals durch eine einzige Zahl, beispielsweise durch die des Uster CV- oder U-Wertes, charakterisiert werden kann, sondern daß dazu graphische Darstellungen nötig sind, für welche die entsprechenden Kennfunktionen aufgestellt werden können (vgl. Abschnitt 2.8). Von diesen Kurven nimmt die Längenvariationskurve (variance - length-curve) im textilen Prüf- und Kontrollwesen eine besondere Stellung ein. Diese Charakteristik kann je nachdem, ob der Variationskoeffizient zwischen (between) verschiedenen Garnstücken gleicher Länge L oder innerhalb (within) eines Garnstückes der Länge L ermittelt wird, in den zwei unterschiedlichen Formen

a) Äußere Längenvariationskurve CB(L), (Variance-between-curve),
b) Innere Längenvariationskurve CV(L), (Variance-within-curve)

erhalten werden[6]. Die beiden längenabhängigen Kurven stehen, wie die Gleichung

$$CB^2(L) + CV^2(L) = CB^2(0) = CV^2(\infty) = CT^2 \qquad (18)$$

---

6. Seit TOWNSEND [70] und TOWNSEND [87, 93] und COX [87] haben sich im Schrifttum allgemein die Bezeichnungen $\sqrt{V(L)} = CV(L) = \underline{C}$oefficient of $\underline{v}$ariation within length L und für $\sqrt{B(L)} = CB(L) = \underline{C}$oefficient of variation $\underline{b}$etween lengths L eingebürgert. Vielfach wird im deutschen und gelegentlich im französischen Schrifttum statt V(L) und B(L) die Bezeichnung $CV^2(L)$ und $CB^2(L)$ verwendet. Damit stehen besonders die zwei nebeneinandergestellten Buchstaben CV und CB in Widerspruch mit der üblichen Regel, eine Größe nur durch einen, eventuell durch Indices besonders gekennzeichneten Buchstaben darzustellen.

erkennen läßt, in einer Beziehung zueinander, wobei der Wert CB(0) = CV($\infty$) = CT als totaler Längenvariationskoeffizient bezeichnet wird und <u>nicht</u> längenabhängig ist. Die Aufstellung und der Vergleich von CV(L)- und CB(L)-Kurven waren das Thema einer als Vorläufer dieser Arbeit zu wertenden Forschungsarbeit (WEGENER [37]), so daß hier auf diesbezügliche Einzelheiten nicht mehr eingegangen werden soll. Hierbei wird nachgewiesen, daß die Aufstellung der CV(L)-Kurve apparativ nur für die Bereiche längerer Garnlängen - und auch dann nur näherungsweise möglich ist. Der in diesem Bereich nahezu horizontal verlaufende Teil der CV(L)-Kurve erwies sich für vertrauenswürdige Aussagen als denkbar

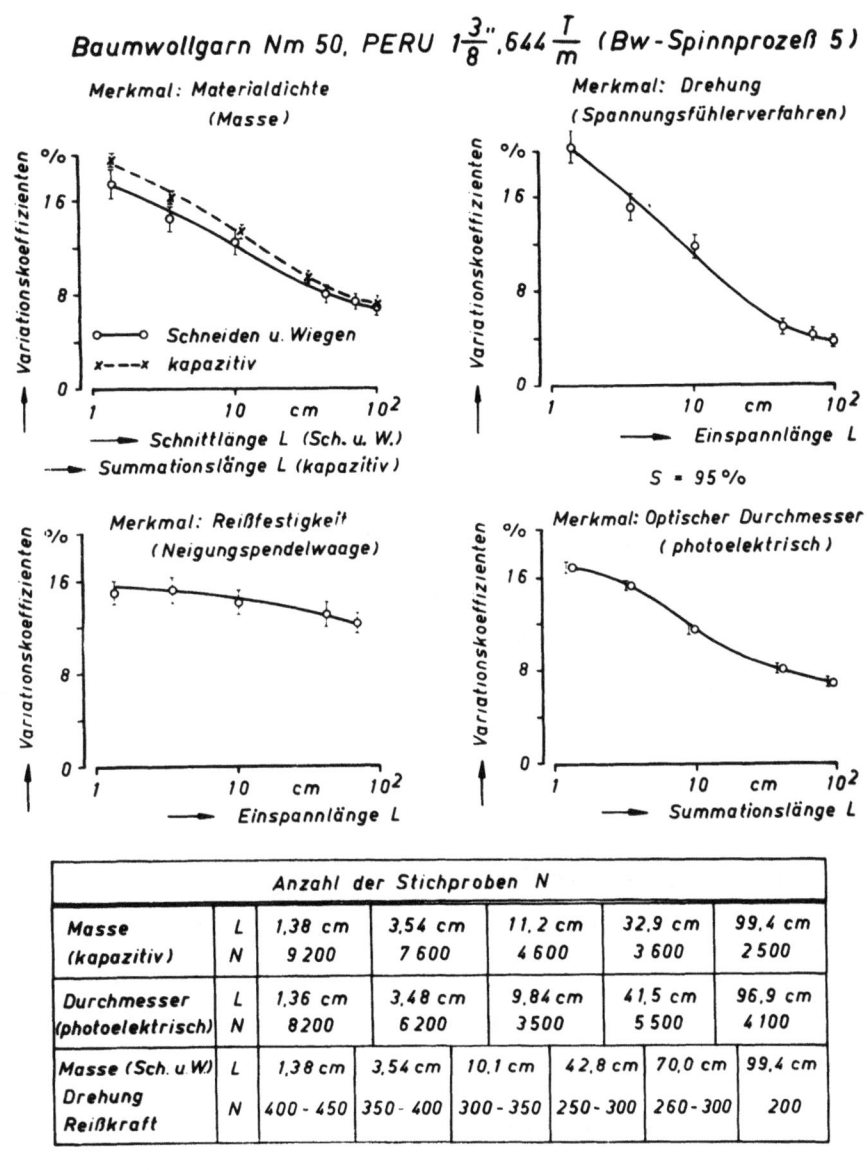

Abbildung 2

Tatsächliche Längenvariationskurven von vier Ungleichmäßigkeits-Merkmalen (Materialdichte, Drehung, Reißfestigkeit und optischer Durchmesser)

ungeeignet. Hingegen kann die äußere Längenvariationskurve CB(L), wie inzwischen zahlreiche praktische Untersuchungen von WEGENER [37, 41, 42], WEGENER [22, 24] und ZAHN [22, 24], WEGENER [28] und PROBST [28], WEGENER [29] und ENNEKING [29], WEGENER [31, 36] und MEISTER [31, 36], WEGENER [3 bis 20] und PEUKER [3 bis 20] gezeigt haben, als ein brauchbares Kriterium für das Ungleichmäßigkeitsverhalten der Faserverbände, speziell der Garne, angesehen werden.

Ergänzend zu dem in der Abbildung 1 dargestellten Korrelationsverhalten verschiedener Ungleichmäßigkeits-Merkmale zeigt die Abbildung 2 für die entsprechenden Längen L die äußeren tatsächlichen Längenvariationskoeffizienten. Bei dem Merkmal der Materialdichte weisen die mit vielen Stichproben kapazitiv ermittelten Längenvariationskoeffizienten größere Werte auf als die mit weniger Stichproben gewonnenen Variationskoeffizienten der Schneide- und Wiege-Methode (vgl. hierzu die Abschnitte 2.131 und 2.132).

## 2.6 Prüfmethoden für das Ungleichmäßigkeitsverhalten

### 2.61 Geräte und Methoden

Um die Ungleichmäßigkeit von Faserlängsverbänden - speziell von Garnen - zu erfassen, wurden, wie MATTHEW [76], RAICHENBAUM [76] und SPENCER-SMITH [76], MULLEN [109], SANBORN [128], WEGENER [21] und ZAHN [21], NOZAKI [146] und AINO [146], WEGENER [2] und PEUKER [2], WAGNER [206] und HENNING [197] zusammenfassend mitteilen, für die Erfassung der einzelnen Merkmale in den vergangenen drei Jahrzehnten zahlreiche Geräte entwickelt und Methoden angegeben.

### 2.62 Theoretische Behandlung

Das mathematische Rüstzeug zur Analyse der Funktionen, wie sie bei den Schwankungen der Merkmale in Abhängigkeit von der Garnlänge vorliegen, ist die Statistik der Zeitreihen[7] bzw. die Statistik der kontinuierlichen stochastischen Prozesse. Solch ein stochastischer Prozeß ist auch der Vorgang des Spinnens. Die dabei auftretenden Variablen (Merkmale) sind durch eine Folge von Wahrscheinlichkeiten gekennzeichnet, aus denen, wie bereits angedeutet wurde, die Erwartungswerte und die Streuungen der einzelnen Größen sowie deren Korrelationen resultieren.

---

7. Zeitreihen genannt, weil als unabhängige Variable meist die Zeit auftritt, was jedoch keine notwendige Bedingung ist.

Die statistische Definition der Ungleichmäßigkeits-Kennfunktion von
Faserverbänden durch Anwendung von Zeitreihen erfolgte 1941 erstmalig
durch SPENCER - SMITH [55] und TODD [55]. Weitere theoretische Beiträge
lieferten COX [71], VAN DEN ABEELE [88], PICARD [89], OLERUP [103] und
BRENY [113, 115]. WEGENER [32, 33, 34, 38] und ROSEMANN [32, 33, 34,
38] zeigen, daß die Längenvariationsfunktion sowohl geometrisch-analytisch als auch statistisch definiert werden kann. GISEKUS [199] behandelt die spezielle Realisierung eines kontinuierlichen stationären
stochastischen Prozesses, die sog. morphologisch homogene Funktion,
deren statistische Charakterisierung durch die Korrelationsfunktion
gegeben ist. Ihr Äquivalent ist das Spektrum einer morphologisch homogenen Funktion. Für die spezielle Kennzeichnung der Ungleichmäßigkeit
wurde die bereits erwähnte dritte Kennfunktion, die Längenvariationsfunktion, entwickelt.

## 2.7 Materialdichte (Masse)

Das am häufigsten benutzte Ungleichmäßigkeits-Merkmal ist die Materialdichte (Masse). Gemäß WEGENER [32] und ROSEMANN [32] denke man sich
aus der laufenden Länge des zu prüfenden Garnes ein kleines Stück von
der Länge $\Delta x$ [cm] herausgegriffen, dessen Gewicht, in Gramm gemessen,
$\Delta g$ sein soll. Indem an jeder Stelle der laufenden Länge x derjenige
Grenzwert aufgetragen wird, welchem hier $\frac{\Delta g}{\Delta x}$ für beliebig klein werdendes $\Delta x$ zustrebt, erhält man die Kurve der Materialdichte $y(x)$

$$y(x) = \lim_{\Delta x \to 0} \frac{\Delta g}{\Delta x} \left[\frac{\text{Gramm}}{\text{cm}}\right], \qquad (19)$$

wie sie beispielsweise beim Durchlaufen des Garnes durch einen Meßkondensator von den Schreibern der kapazitiven Meßwertumformer Zellweger-Uster, Textronograph, Eltigraph und Fielden-Walker Irregularity Tester
aufgezeichnet wird.

## 2.8 Kennfunktionen der Ungleichmäßigkeit

Das Ungleichmäßigkeitsverhalten eines Faserlängsverbandes, hier speziell das eines Garnes, läßt sich, wie GISEKUS [199] sowie WEGENER [40]
und HOTH [40] darlegen, auf dreierlei Art und Weise, d.h. durch drei
Kennfunktionen:

a) Längenvariationsfunktion,
b) Korrelationsfunktion (Autokorrelationsfunktion),
c) Spektrumsfunktion,

charakterisieren.

Im folgenden sollen für das Merkmal Materialdichte (Masse) die drei Ungleichmäßigkeits-Kennfunktionen kurz dargestellt werden.

## 2.81 Längenvariationsfunktion

Nach WEGENER [32] und ROSEMANN [32] gibt der <u>äußere Längenvariationskoeffizient</u> CB(L) die Standardabweichung s der durchschnittlichen Materialdichte $\bar{y}$ von Garnstücken der Länge L, bezogen auf den Gesamtmittelwert $\bar{\bar{y}}$, an:

$$CB(L) = \frac{s}{\bar{\bar{y}}} \cdot 100 \quad [\%] \quad . \tag{20}$$

### 2.811 Kontinuierliche Probenahme

$$s = \left(\frac{1}{2T}\int_{-T}^{+T}[\bar{y}-\bar{\bar{y}}]^2 \cdot dx\right)^{\frac{1}{2}} \quad (21) \qquad \bar{\bar{y}} = \frac{1}{2T}\int_{-T}^{T}\bar{y}\cdot dx \tag{22}$$

$$\bar{y} = \frac{1}{L}\int_{x}^{x+L} y(x)\cdot dx \tag{23}$$

Die mittlere Materialdichte $\bar{y}$ eines Garnstückes der Länge L mit dem Anfangspunkt an der Stelle x wird also für laufende Werte von x bestimmt. Der Bereich 2 T, den x durchläuft, ist, um eine hohe statistische Sicherheit zu erhalten, groß zu wählen.

### 2.812 Diskontinuierliche Probenahme

$$s = \left(\frac{1}{N-1}\sum_{i=1}^{i=N}[\bar{y}_i-\bar{\bar{y}}]^2\right)^{\frac{1}{2}} \quad (24) \qquad \bar{\bar{y}} = \frac{1}{N}\sum_{i=1}^{i=N}\bar{y}_i \tag{25}$$

$$\bar{y}_i = \frac{1}{L}\int_{x_i}^{x_i+L} y(x)\cdot dx \quad . \tag{26}$$

Die mittlere Materialdichte $\bar{y}_i$ eines Garnstückes der Länge L mit dem Anfangspunkt an der Stelle $x_i$ wird also für einzelne, beliebig herausgegriffene Werte $x_i$ bestimmt. Der Meßumfang N (Stichprobenumfang) ist, um eine hohe statistische Sicherheit zu erreichen, entsprechend groß zu wählen.

## 2.82 Korrelationsfunktion[8]

Außer durch die Längenvariationskurve kann, wie SPENCER-SMITH [55] und TODD [55] und COX [90] und TOWNSEND [90] ausführen, die Ungleichmäßigkeit eines Garnes durch ein Korrelogramm charakterisiert werden. Hierfür benötigt man den Korrelationskoeffizienten[9] $p(u)$ zwischen denjenigen Werten eines Merkmals, die zu zwei jeweils im Abstand u auseinanderliegenden Punkten des Garnes gehören. Der Korrelationskoeffizient $p(u)$ gibt also beispielsweise bei der Betrachtung des Merkmals "Materialdichte (Masse)" an, wie stark die Beziehung zwischen Materialdichten $y(x)$ und $y(x + u)$ ist, die um die Länge u auseinanderliegen.

Für die normierte Korrelationsfunktion, die für $u = 0$ den Wert 1 annimmt und im allgemeinen entweder gegen Null strebt oder aber von einem hinreichend großen u ab periodisch um diesen Wert pendelt, gilt:

$$p(u) = \frac{\lim_{T \to \infty} \frac{1}{2T} \int_{-T}^{+T} [y(x) - \bar{\bar{y}}] \cdot [y(x+u) - \bar{\bar{y}}] \cdot dx}{\lim_{T \to \infty} \frac{1}{2T} \int_{-T}^{+T} [y(x) - \bar{\bar{y}}]^2 \cdot dx} \quad . \tag{27}$$

Statt der Integrale können entsprechend den im Abschnitt "Längenvariationsfunktion" gemachten Ausführungen auch die entsprechenden Summenausdrücke eingesetzt werden.

Trägt man $p(u)$ in Abhängigkeit von dem Abstand u auf, so erhält man die Korrelogrammkurve.

FOSTER [62, 64] weist darauf hin, daß die Korrelogramme der Dicke von verzogenen Baumwollbändern die Form einer gedämpften harmonischen Schwingung aufweisen, wobei ein Zusammenhang zwischen den Korrelogramm-Perioden (Quasi-Perioden) und den Verzugswellen der Bänder gefunden wurde (BALLS [44]). Das Korrelogramm eignet sich besonders für den Nachweis von "Periodizitäten" und für deren Trennung von den nichtperiodischen "Ungleichmäßigkeiten". BRENY [209] unterbreitet einen Vorschlag für das Auffinden von Garn-Perioden mit Hilfe der harmonischen Analyse. In einer grundlegenden Arbeit behandelt BARTLETT [80] die Analyse von Periodogrammen und kontinuierlichen Spektren.

---

8. Die Korrelationsfunktion wird auch als Autokorrelationsfunktion bezeichnet.
9. Der Korrelationskoeffizient wird auch Autokorrelationskoeffizient genannt.

2.821 Korrelographen

Was die numerische Berechnung der Korrelationskoeffizienten aus den laufenden Diagramm-Aufzeichnungen des Schreibers eines Gleichmäßigkeitsprüfgerätes betrifft, so halten COX [87, 90] und TOWNSEND [87, 90] diese Methode für außerordentlich zeitraubend. GISEKUS [199] gibt hierfür Rechenschemata sowie zweckmäßig aufgebaute Formulare bekannt, jedoch auch diese Hilfsmittel machen es unmöglich, ein größeres Programm zu bewältigen. Hierfür wird auch von ihm der Einsatz von Rechenmaschinen empfohlen. Im Rahmen eines Symposiums über statistische Zeitreihen verweist FOSTER [64] auf die Anwendungsmöglichkeit von halbautomatisch arbeitenden Korrelographen in der Form

a) eines doppelt integrierenden Planimeters,
b) eines optischen Korrelographen,
c) eines automatischen Relais-Rechengerätes.

Über die spezielle Anwendung dieser Geräte bei der Prüfung von Ungleichmäßigkeiten und Periodizitäten von Faserverbänden sind jedoch keine Arbeiten bekanntgeworden.

d) HARTLEY [63] berichtet über die Erstellung von Korrelogrammen mit dem Hollerith-Verfahren. Letzteres verwendeten COX [90] und TOWNSEND [90], indem sie die Ordinaten von Garndickenschwankungsdiagrammen mittels Lochkarten auswerten. Sie beurteilen die Methode als zu kostspielig.

e) Bei dem von REVESZ [129] beschriebenen Korrelator wird die in Form einer zeitlich variablen Spannung vorliegende Ungleichmäßigkeitsfunktion (Dickenkurve) nach Aufprägung einer Trägerfrequenz auf ein Magnettonband aufgenommen und dann über zwei im Abstand u angeordnete Abnehmer abgenommen. Nach ihrer Demodulation und Verstärkung gelangen diese Spannungen in einen Leistungszähler, wo sie über Multiplikation und Integration auf elektrischem Wege direkt zum Korrelationskoeffizienten $r(u)$ ausgewertet werden. Durch Verstellen der Abnehmerkopf-Distanzen kann man nacheinander die einzelnen $r(u)$-Werte ermitteln.

f) JOHNSON [114] und MIDDLETON [114] beschreiben einen ähnlichen Korrelator.

g) GISEKUS [199] schlägt vor, das REVESZ-Verfahren zu modifizieren, indem man für die gleichzeitige Bestimmung von zehn gleichabständigen r(u)-Koeffizienten minimal sechs Abnehmerköpfe und für 20 r(u)-Koeffizienten minimal acht Köpfe benötigt.

h) Ebenso könnte das Tonbandgerät mit einem Auswertgerät M 128, wie es WEGENER [3, 4] und PEUKER [3, 4] für die Ermittlung der Längenvariationskoeffizienten benutzen, gekoppelt werden. Die Korrelationskoeffizienten r(u) könnten dann aus der Summenhäufigkeitsverteilung, wie sie das Gerät M 128 liefert, abgeleitet werden.

i) Nach ONIONS [176] und SELWOOD [176] erhält man das Korrelogramm auf eine relativ einfache Weise, wenn das Garn in Schleifenform geführt und an zwei Punkten gleichzeitig geprüft wird.

2.83 Spektrumsfunktion

Das Spektrum stellt die Verallgemeinerung der Fourierentwicklung einer periodischen Funktion dar. COX [71] definiert die Spektrumsfunktion $s(\frac{1}{\lambda})$ als Absolutbetrag des Vektors:

$$s\left(\frac{1}{\lambda}\right) = \lim_{T \to \infty} \frac{1}{\sqrt{2T}} \int_{-T}^{+T} [y(x) - \bar{\bar{y}}] \cdot e^{2\pi i \frac{x}{\lambda}} \cdot dx , \qquad (28)$$

der die Intensität der sinusförmigen Schwankungen der Wellenlänge $\lambda$ charakterisiert.

Dem Quadrat der Standardabweichung entspricht die Spektrumsfunktion $s^2[f(\lambda)]$. In Analogie zum Variationskoeffizienten gilt dann:

$$s^2[f(\lambda)] = \frac{s^2[f(\lambda)]}{\bar{\bar{y}}^2} . \qquad (29)$$

Demzufolge wird bei einem dünnen Garn eine höher liegende Spektrumskurve auftreten als bei einem dicken Garn.

In einer theoretischen Analyse charakterisieren K. FUJINO [215] und S. KAWABATA [215] für verschiedene Faserlängen die Spektrumsfunktion eines ideal gleichmäßigen Faserbandes, dessen gleichdicke Fasern gerade und parallel liegen und zufallsverteilt sind.

2.831 Spektrographen

Das Spektrum kann numerisch aus einer äquidistanten Zahlenfolge, die beispielsweise den Aufzeichnungen eines Materialdichte-Schwankungsdiagramms entstammt, berechnet werden. Das ist eine mühsame und umfangreiche Arbeit, die mittels der von STUMPFF [53, 54] empfohlenen Rechenschemata reduziert werden kann.

Die apparative Ermittlung eines Garnspektrums gestattet der Spektrograph "Uster" der Firma Zellweger. Hierbei wird die Amplituden-Intensität S (log $\lambda$) als Funktion der Wellenlänge in der Form einer Stufenkurve aufgezeichnet. Je nach der benutzten Garn-Prüfgeschwindigkeit steht ein analysierbarer Wellenlängenbereich von $\lambda$ = 1,43 cm bis $10^3$ cm zur Verfügung. Durch die Verwendung eines Sonder-Abzugsgerätes erfaßten WEGENER [8, 9, 10, 12, 20] und PEUKER [8, 9, 10, 12, 20] je nach den Material-Laufeigenschaften Wellenlängen bis maximal $8 \cdot 10^3$ cm. Für eine numerische Auswertung gibt LOCHER [178] ein einfaches Verfahren an (WEGENER [5] und PEUKER [5] sowie MAILLARD [172], ROEHRICH [172] und AMOUROUX [172]). GISEKUS [199] erwähnt die relativ geringe Auflösekraft dieses Gerätes, wonach ausgeprägte Periodizitäten von schnell abklingenden Oszillationen nicht immer ohne weiteres unterschieden werden können. LANGER [208] sowie die ZELLWEGER AG [212] berichten über die Auswertung von Amplituden der "Uster"-Spektrogramme.

## 2.9 Beziehungen zwischen den Kennfunktionen

Die ersten Angaben über den funktionalen Zusammenhang der Kennfunktionen macht COX [71]. Entsprechende mathematische Ableitungen stellt BRENY [115] auf. In einer weiteren statistisch-analytischen Arbeit definiert GISEKUS [199] die drei Kennfunktionen. Die wechselseitigen Beziehungen werden zusammenfassend in anschaulicher Weise von WEGENER [40] und HOTH [40] behandelt.

### 2.91 Längenvariations- und Korrelationsfunktion

Nach BRENY [115], COX [87, 90] und TOWNSEND [87, 90] gilt:

$$CB^2(L) = CB^2(0) \cdot \frac{2}{L^2} \int_0^L (L-u) \cdot p(u) \cdot du \quad . \tag{30}$$

Die Längenvariations- und die Korrelationsfunktion eines idealisierten Garnes bzw. Faserbandes behandeln auch HANNAH [213] und RODDEN [213].

### 2.92 Längenvariations- und Spektrumsfunktion

Für diese Beziehung gelten:

$$CB^2(L) = \left(\frac{100}{\bar{y}}\right)^2 \cdot \int_0^\infty \left(\frac{\sin \frac{\pi \cdot L}{\lambda}}{\frac{\pi \cdot L}{\lambda}}\right)^2 \cdot s^2\left(\frac{1}{\lambda}\right) \cdot d\left(\frac{1}{\lambda}\right) \tag{31a}$$

$$CB^2(L) = 100^2 \cdot \int_0^\infty \left(\frac{\sin \frac{\pi \cdot L}{\lambda}}{\frac{\pi \cdot L}{\lambda}}\right)^2 \cdot S^2\left(\frac{1}{\lambda}\right) \cdot d\left(\frac{1}{\lambda}\right) \quad . \tag{31b}$$

## 2.93 Korrelations- und Spektrumsfunktion

Der Korrelationsfunktion äquivalent ist die Spektrumsfunktion. Für den Fall, daß $F(\frac{1}{\lambda})$ die normierte Spektrumsfunktion

$$F\left(\frac{1}{\lambda}\right) = \frac{s^2\left(\frac{1}{\lambda}\right)}{\int_0^\infty s^2\left(\frac{1}{\lambda}\right) \cdot d\left(\frac{1}{\lambda}\right)} \tag{32a}$$

ist, gilt:

$$p(u) = \int_0^\infty F\left(\frac{1}{\lambda}\right) \cos 2\pi \frac{u}{\lambda} \cdot d\left(\frac{1}{\lambda}\right) . \tag{32b}$$

## 2.10 Kennfunktionen des "idealen" Garnes

Ein "ideal" ungleichmäßiges Garn, bei dem, wie BRENY [113] ausführt:

a) die Fasern zufallsverteilt sind,

b) die Häufigkeitsverteilung der Faseranzahl in den einzelnen Querschnitten streng einer Poissonverteilung entspricht,

c) die Fasern gerade und parallel liegen,

d) die Faserverteilung vom Stapelbild unabhängig ist,

existiert nicht. Ein solches Garn kann auch nicht hergestellt werden. Das "ideal" ungleichmäßige Garn bildet jedoch die Vergleichsbasis für die Beurteilung des in der Praxis auftretenden "tatsächlich" ungleichmäßigen Garnes. Die tatsächliche Ungleichmäßigkeit einer bestimmten Garnlänge ist immer größer als dessen ideale Ungleichmäßigkeit.

### 2.101 Ideale Längenvariationsfunktion

Für den Sonderfall, daß Fasern gleicher Länge $\ell$ vorliegen, gilt nach BRENY [113]:

$$CB^2(L)_i = CB^2(0)_i \cdot \left(1 - \frac{L}{3\ell}\right) \qquad \text{für } 0 < L \leq \ell \tag{33a}$$

$$CB^2(L)_i = CB^2(0)_i \cdot \left(\frac{\ell}{L} - \frac{\ell^2}{3L^2}\right) \qquad \text{für } \ell \leq L \leq \infty . \tag{33b}$$

Für den Sonderfall, daß verschiedene Faserlängen mit der gleichen Häufigkeit vorkommen, gilt:

$$CB^2(L)_i = CB^2(0)_i \cdot \left(1 - \frac{L}{3\bar{l}} + \frac{L^2}{24\bar{l}^2}\right) \quad \text{für } 0 < L \leq l_{max} \quad (34a)$$

$$CB^2(L)_i = CB^2(0)_i \cdot \left(\frac{4\bar{l}}{3L} - \frac{2\bar{l}^2}{3L^2}\right) \quad \text{für } l_{max} \leq L \leq \infty, \quad (34b)$$

wobei $\bar{l}$ die mittlere Faserlänge bedeutet.

Selbst bei den aus Schnittfasern hergestellten Garnen treten die beiden Sonderfälle nicht auf. GRIGNET [184] und auch die ZELLWEGER AG. (siehe Abschnitt 2.103) schlagen die Anwendung eines vereinfachten, trapez- oder dreieckförmigen Stapelschaubildes vor. In Verbindung mit der Abbildung 2 gilt dann bei einem trapezförmigen Stapelbild

$$CB^2(L)_i = CB^2(0)_i \cdot \left(\frac{a^2 + ab + b^2}{3\bar{l}L} - \frac{a^2 + b^2}{6L^2}\right), \quad (35)$$

wobei, wie ersichtlich ist, der Einfluß der ganz langen und der ganz kurzen Fasern vernachlässigt wird.

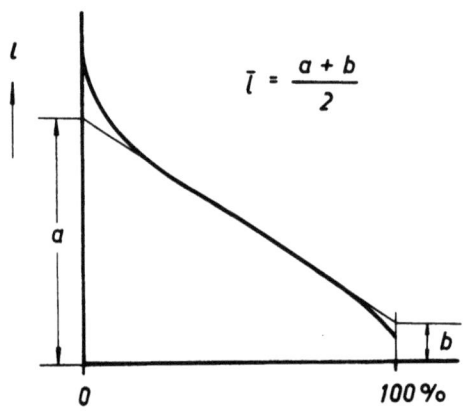

Abbildung 3

Trapezähnliches Stapelschaubild

Den in dieser Arbeit (Abschnitt 5) dargestellten idealen Längenvariationskurven liegen in Anlehnung an OLERUP [103] die Näherungsgleichungen

$$CB^2(L)_i = CB^2(0)_i \cdot \left(1 - \frac{L}{3\bar{l}_h}\right) \quad \text{für } 0 < L \leq \bar{l}_h \quad (36a)$$

$$CB^2(L)_i = CB^2(0)_i \cdot \left( \frac{\bar{l}_g}{L} - \frac{\bar{l}_g}{3L^2} \right) \qquad \text{für } \bar{l}_g \leq L \leq \infty \qquad (36b)$$

zugrunde.

### 2.1011 Einkomponentiges Idealgarn

Für den totalen, längenunabhängigen, idealen prozentualen Variationskoeffizienten $CB(0)_i$ bzw. $CT_i$ gilt nach MARTINDALE [60]:

$$CT_i = CB(0)_i = \frac{100 \cdot (1 + 0{,}0004 \cdot V_d^2)^{1/2}}{\sqrt{n}} \qquad (37)$$

Sofern weder der prozentuale Variationskoeffizient $V_d$ der Faserdurchmesser d, noch der prozentuale Variationskoeffizient $V_Q$ der Faserquerschnitte Q bekannt sind ($V_Q \approx 2 V_d$), werden vielfach die für die einzelnen Provenienzen typischen Faserfeinheits-Kennziffern c verwendet. Dann gilt:

$$CT_i = CB(0)_i = \frac{c}{\sqrt{n}} \qquad (38)$$

und

$$c = 100 \cdot (1 + 0{,}0004 \cdot V_d^2)^{1/2} \qquad (39)$$

Für c wird angegeben:

| c | Provenienz | Autoren |
|---|---|---|
| 102 | Zellwolle | MEYER [116] |
| 103,2 | Perlon | WEGENER [36] und MEISTER [36] |
| 106 | Baumwolle | FOSTER [81] |
| 112 | Wolle | MARTINDALE [60] |
| 130 | Flachs | SPENCER-SMITH [55] und TODD [55] |

WEGENER [9] und PEUKER [9] geben an, daß es besonders bei Wolle zweckmäßig ist, die c-Werte von Fall zu Fall zu bestimmen. Für Kämmlinge fanden sie c = 115 - 116 und für eine grobe Teppichgarn-D-Wolle c = 134. In zwei weiteren Arbeiten weisen WEGENER [12, 13] und PEUKER [12, 13] auf die meßtechnischen Schwierigkeiten hin, die bei der Bestimmung von c, $\bar{l}_g$, $\bar{l}_h$, $V_Q$ und $V_d$ bei Lang- und Kurzflachsgarnen auftreten.

Die Abbildung 4 zeigt den Verlauf der idealen Längenvariationskurven von Garnen in Abhängigkeit von der mittleren Faserlänge $\bar{l}$ und der mittleren Faseranzahl $\bar{n}$ im Garnquerschnitt. Es wird vorausgesetzt, daß alle Fasern gleich dick sind, d.h. $V_d = 0\%$.

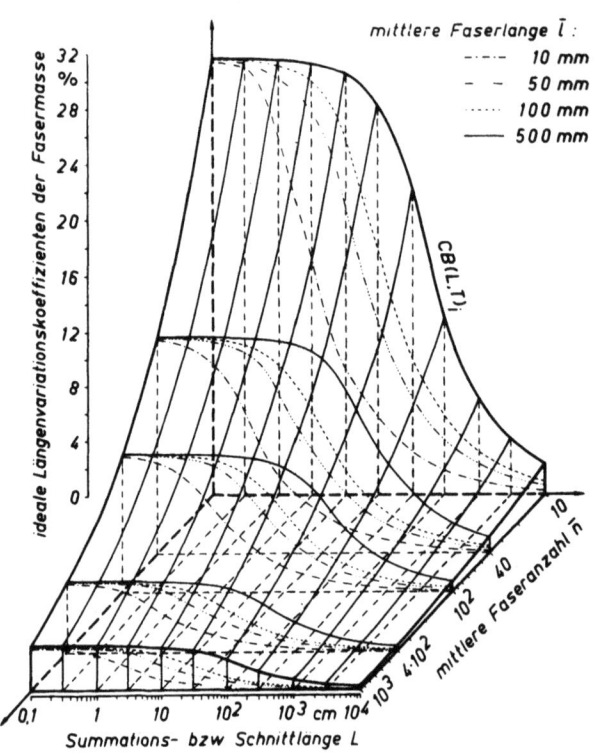

Abbildung 4

Äußere Längenvariationskurven $CB(L, T)_i$ von ideal ungleichmäßigen Garnen in Abhängigkeit von der mittleren Anzahl der Fasern im Garnquerschnitt[10]

2.1012 Mehrkomponentiges Idealgarn

Bei einem Mischgarn (Index M), das beispielsweise aus den zwei Faserkomponenten a und b besteht, gilt für den totalen Variationskoeffizienten:

$$CT^2_{i_M} = CB^2(0)_{i_M} = A^2 \cdot CB^2(0)_{i_a} + B^2 \cdot CB^2(0)_{i_b} \quad . \tag{40}$$

A sei der Gewichtsanteil der Komponente a, B sei der Gewichtsanteil der Komponente b, $A + B = 1$. Für die totalen Variationskoeffizienten der Komponenten gelten dann:

$$CT^2_{i_a} = CB^2(0)_{i_a} = 100^2 \cdot \frac{Nm_{\text{Garn M}}}{A \cdot \overline{Nm}_{\text{Faser a}}} \cdot \left[1 + \left(\frac{V_{Q_a}}{100}\right)^2\right] \tag{41a}$$

---

10. Zur "doppelten" Längenbezeichnung L und T siehe Abschnitt 2.13.

$$CT_{i_b}^2 = CB^2(0)_{i_b} = 100^2 \cdot \frac{Nm_{Garn\,M}}{B \cdot \overline{Nm}_{Faser\,b}} \cdot \left[1 + \left(\frac{V_{Q_b}}{100}\right)^2\right], \qquad (41b)$$

wobei $V_{Q_a}$ bzw. $V_{Q_b}$ in Prozent einzusetzen sind.

Die Berechnung der $CB(L)_{i_M}$-Kurve erfolgt nach den Gleichungen (36a) und (36b), in die für $CB^2(0)_{i_M}$ $CB^2(0)_{i_M}$ und für $\bar{l}_h$ und $\bar{l}_g$ der mittlere Faserhäufigkeits- und der mittlere Fasergewichtsstapel der Fasermischung einzusetzen sind.

Die mittlere Faseranzahl $\bar{n}_a$ oder $\bar{n}_b$ der einzelnen Komponenten im Mischgarn-Querschnitt ist:

$$\bar{n}_a = A \cdot \frac{\overline{Nm}_{Faser\,a}}{Nm_{Garn\,M}} \qquad (42a)$$

$$\bar{n}_b = B \cdot \frac{\overline{Nm}_{Faser\,b}}{Nm_{Garn\,M}} . \qquad (42b)$$

Die mittlere Gesamtfaseranzahl $\bar{n}_M$ der Mischung beträgt dann:

$$\bar{n}_M = \bar{n}_a + \bar{n}_b . \qquad (43)$$

Der prozentuale mittlere Faseranzahlanteil $\bar{Z}_a$ und $\bar{Z}_b$ der Komponenten a und b ist:

$$\bar{Z}_a = \frac{A \cdot \overline{Nm}_{Faser\,a}}{A \cdot \overline{Nm}_{Faser\,a} + B \cdot \overline{Nm}_{Faser\,b}} \qquad (44a)$$

$$\bar{Z}_b = 100 - \bar{Z}_a. \qquad (44b)$$

Innerhalb welcher Grenzen kann die Faseranzahl der Faserkomponenten bei einer einwandfreien Durchmischung schwanken? Dies ist eine Frage nach den Vertrauensgrenzen (Mutungsgrenzen) $n_{a_o}$ und $n_{a_u}$ bzw. $n_{b_o}$ und $n_{b_u}$ (siehe auch Abschnitt 2.44).

Ansätze für die rechnerische Behandlung der totalen Ungleichmäßigkeit von Mischgarnen enthält bereits die grundlegende Arbeit von SPENCER-SMITH [55] und TODD [55]. Weitere theoretische Einzelheiten über das Ungleichmäßigkeitsverhalten mehrkomponentiger Faserlängsverbände bringen COX [133], LUND [106], HENNING [147], COPLAN [148] und KLEIN [148],

WEGENER [1] und PEUKER [1], DE BAAR [218] und WALKER [218] sowie BORNET [200][11]. Das Längenvariationsverhalten von Garnen aus Cuprama-, Viskose- und Perlon-Fasern mit unterschiedlichen Faserkomponenten (Titer und Schnittlänge) untersuchten WEGENER [31, 36] und MEISTER [31, 36]. WEGENER und PEUKER untersuchten das Längen- und Flächenvariationsverhalten sowie die Warenbilder

a) von Streichgarn-Mischgarnen aus Wolle und Zellwolle [9, 15, 16],
b) von Leinen-Mischgarnen aus Langflachs und Zellwolle [12, 20],
c) von Werg-Mischgarnen aus Kurzflachs und Zellwolle [13, 20],
d) von Kammgarn-Mischgarnen aus Wolle und Diolen [19],
e) von Kammgarn-Mischgarnen aus Wolle und Zellwolle [20].

In dem experimentellen Teil dieser Arbeit werden reine Zellwoll (Viskose)-Kammgarne mit einer unterschiedlichen Staffelung der Faserlängen und -titer untersucht (Abschnitt 5).

2.1013 Idealzwirn

Der totale ideale Variationskoeffizient eines m-fachen Zwirnes wird unter Berücksichtigung des Dublierungsgesetzes nach der Gleichung

$$CT_{i_{Zwirn}} = CB(0)_{i_{Zwirn}} = \frac{1}{\sqrt{m}} \cdot CB(0)_{i_m} \tag{45}$$

berechnet, wobei $CB(0)_{i_m}$ der totale Variationskoeffizient der m-Komponenten ist. Besteht der Zwirn jedoch aus Garnen verschiedener Provenienzen oder Nummern, so werden die für Mischgarne angegebenen Gleichungen entsprechend angewandt. Für die Berechnung der $CB(L)_{i_{Zwirn}}$-Kurve sind unter Einsetzung der Stapelmittelwerte des Zwirnes die Gleichungen (36a) und (36b) zu benutzen.

2.102 Korrelationsfunktion des Idealgarnes

SPENCER-SMITH [55] und TODD [55] haben die Korrelationsfunktion des ideal ungleichmäßigen Garnes aus der Faserlängenverteilung hergeleitet:

$$p(u) = \frac{1}{\bar{\ell}} \int_{\ell=u}^{\infty} (\ell - u) \cdot dP(\ell), \tag{46}$$

wobei $\bar{\ell}$ die mittlere Faserlänge bedeutet und $P(\ell)$ die Wahrscheinlichkeit

---

11. Einige Hinweise findet man auch bei "Wool Research 1918 - 1948", Vol. 6, Drawing and Spinning, Wool Industries Research Association, Leeds (1949).

darstellt, mit der eine Faser von kleinerer Länge als $\ell$ vorkommt.
WEGENER [40] und HOTH [40] zeigen, daß die partielle Integration der
obigen Gleichung nach dem Einsetzen von P $(\ell)$ = 1 - H $(\ell)$ zu der Form

$$p(u) = \frac{1}{\bar{\ell}} \int_{\ell=u}^{\infty} \int_{\ell}^{\infty} h(\ell) d\ell \cdot d\ell \qquad (47a)$$

$$p(u) = \frac{1}{\bar{\ell}} \int_{\ell=u}^{\infty} H(\ell) \cdot d\ell \qquad (47b)$$

$$p(u) = H_F(u) \qquad (47c)$$

führt. Es bedeuten:

h $(\ell)$ = Einzelhäufigkeit der Faserlänge (WEGENER [27] und HOTH [27]).

$H(\ell) = \int_{\ell}^{\infty} h(\ell) \cdot d\ell$ = Summenhäufigkeit unter der Bedingung H(0) = 1,

$H_F(u) = \frac{1}{\bar{\ell}} \int_{\ell=u}^{\infty} H(\ell) \cdot d\ell$ = Faserbartkurve unter der Bedingung $H_F$ (0) = 1.

Somit ist die Korrelationskurve eines Idealgarnes nach WEGENER [40] und
HOTH [40] identisch mit der Faserbartkurve. Weitere Einzelheiten der
Korrelationsfunktion eines idealen Garnes, wie beispielsweise die Sonderfälle des Vorliegens von Fasern der gleichen Länge oder der gleichen
Häufigkeit der Faserlängen $0 < \ell \leq \ell_{max}$, sowie den Einfluß der Verjüngung des Faserdurchmessers an den Faserenden behandeln eingehend GISEKUS [199] sowie WEGENER [40] und HOTH [40].

## 2.103 Spektrumsfunktion des Idealgarnes

Für den Fall, daß Fasern der gleichen Länge $\ell$ vorliegen, gilt in Anlehnung an die Informationen der ZELLWEGER AG. [149, 173] für die Spektrumsfunktion eines ideal ungleichmäßigen Garnes:

$$S(\ell n \lambda) = \left(\frac{2}{\pi \cdot \bar{n}}\right)^{\frac{1}{2}} \cdot \frac{\sin \frac{\pi \cdot \ell}{\lambda}}{\left(\frac{\pi \cdot \ell}{\lambda}\right)^{\frac{1}{2}}} \qquad . \qquad (48)$$

Das Spektrum eines Idealgarnes ist also ein kontinuierliches Spektrum.
Das absolute Maximum der idealen Spektrumskurve liegt bei $\lambda = 2,69 \cdot \ell$.
Für den Fall, daß eine Häufigkeitsverteilung h($\ell$) der Faserlängen $\ell$
vorliegt, gilt:

$$S^2(\ln \lambda) = \frac{2}{\pi \cdot \bar{n}} \int_0^\infty h(\ell) \frac{\sin^2 \frac{\pi \cdot \ell}{\lambda}}{\frac{\pi \cdot \ell}{\lambda}} \cdot d\ell ,\qquad (49)$$

wobei $h(\ell)$ durch $\int_0^\infty h(\ell) d\ell$ normiert ist. Für die mit dem Zellweger-Spektrographen ermittelten Spektrogramme geben FELIX [140] und die ZELLWEGER AG. [149] bei nicht einheitlicher Faserlänge und trapezähnlichem Stapelschaubild die Näherungsgleichung

$$S(\log \lambda) = \frac{k \cdot \lambda}{\sqrt{a-b}} \cdot \left[\left(\frac{2a\pi}{\lambda} - \sin \frac{2a\pi}{\lambda}\right) - \left(\frac{2b\pi}{\lambda} - \sin \frac{2b\pi}{\lambda}\right)\right]^{\frac{1}{2}} \qquad (50a)$$

an. Die Stapelschaubild-Größen a und b sind gemäß der Abbildung 3 zu bestimmen. Für k gilt:

$$k = \frac{1}{\sqrt{\pi \cdot \bar{n}}} . \qquad (50b)$$

Für kardierte Baumwollgarne, denen ein dreieckförmiges Stapelschaubild zugeordnet werden kann, ist:

$$S(\log \lambda) = \frac{k \cdot \lambda}{\sqrt{a}} \cdot \left(\frac{2a\pi}{\lambda} - \sin \frac{2a\pi}{\lambda}\right)^{\frac{1}{2}} . \qquad (50c)$$

## 2.11 Kennfunktionen des tatsächlich ungleichmäßigen Garnes

Ein tatsächlich ungleichmäßiges Garn enthält außer den durch das ideale Garn bedingten unvermeidbaren Schwankungen noch solche, die durch den Spinnprozeß verursacht und als "Störungen" empfunden werden.

### 2.111 Störungen

Die wichtigsten Störungen sind:

a) <u>Perioden</u>. Sie entstehen durch fehlerhafte Maschinenelemente und weisen eine ganz bestimmte, ausgeprägte Wellenlänge $\lambda$ auf. Wie bereits eingangs dargelegt wurde, sind diese Schwankungen unter normalen Umständen zu vermeiden.

b) <u>Verzugswellen</u>. Sie entstehen bei jedem mit Walzenpaaren durchgeführten Verzugsprozeß. Es handelt sich hierbei um periodenähnliche (quasiperiodische) Schwankungen, denen eine mittlere Wellenlänge $\bar{\lambda}$ zugeordnet werden kann.

c) **Fasergruppenbildung.** Diese Störung tritt dann auf, wenn mehrere zusammenhaftende Fasern den Verzugsprozeß als Einheit durchlaufen. Die Ungleichmäßigkeit des Garnes erhöht sich dann so, als ob entsprechend weniger Fasern im Querschnitt vorhanden wären (z.B. elementare und technische Flachsfasern bei Trocken- und Naßausspinnung).

d) **Querstreuung.** Würde ein Faserverband bei jeder Verarbeitungsstufe nur jeweils eine einzige Arbeitsstelle (Verzugsfeld) durchlaufen und wäre keine Dublierung vorhanden, so könnte bei dem so gefertigten Garn von einer "reinen Längsstreuung" gesprochen werden. In Wirklichkeit werden jedoch bereits an den Strecken die Bänder mehrerer Karden und auch mehrerer Strecken-Ablieferungen gemischt (dubliert), so daß beim Garn eine "reine" Längsstreuung praktisch niemals vorliegt. Die zusätzliche Ungleichmäßigkeit "zwischen" den Arbeitsstellen wird als "Querstreuung" bezeichnet. Diese ist längenunabhängig. Die Querstreuung erhöht die Längenvariationskoeffizienten um einen konstanten Betrag. Bei der Berücksichtigung der Querstreuung geht die Längenvariationskurve $CB^2(L)$ mit wachsender Länge L nicht asymptotisch gegen Null, sondern gegen denjenigen Wert, der der Querstreuung entspricht. An Hand zahlreicher Untersuchungsergebnisse beweisen WEGENER [22, 24] und ZAHN [22, 24], daß die Querstreuung die Gesamtstreuung bereits bei den Bändern der Streckpassagen (Bandschnittlänge L = 3 m) besonders aber bei den Lunten der Flyer (Luntenschnittlänge L = 20 m) und bei dem Garn der Ringspinnmaschine (Garnschnittlänge L = 100 m) stärker beeinflußt als die Längsstreuung. BORNET [175] der in 42 Kammgarnspinnereien (29 in Kanada, 6 in USA, 4 in England, 2 in Frankreich, 1 in Belgien) die mit dem Bradford-, mit dem französischen, mit dem amerikanischen und mit dem Ambler-Kammgarnspinnverfahren hergestellten Garne auf je einen Längenvariationskoeffizienten im Bereich kurzer und langer Längen untersucht, kommt ebenfalls zu dem Ergebnis, daß innerhalb der Gesamtstreuung die Querstreuung die Längsstreuung überwiegt.

## 2.112 Auswirkung der Störungen auf die drei Kennfunktionen

In Anlehnung an die ZELLWEGER AG. [173] stellen WEGENER [5] und PEUKER [5] die äußeren Längenvariationscharakteristika und die Spektrumskurven
a) für eine rein zufällige,
b) für eine rein sinusförmige,
c) für eine teilperiodische

Faserverteilung dar. WEGENER [34] und ROSEMANN [34] behandeln die Längenvariationskurven CB(L) und CV(L) sowie die Ungleichmäßigkeitslängenkurven U(L) und $U_i(L)$ für die Fälle

a) einer sinusförmigen stetigen Materialdichte,
b) einer unstetigen Materialdichte von der Form einer Rechteckkurve.

WEGENER [40] und HOTH [40] charakterisieren die Auswirkung des Zusammenhaftens von Fasern, die Auswirkung der Verzugswellen, der ausgeprägten periodischen Störungen, der Nummernschwankungen und der Querstreuung auf die Spektrumsfunktion $S^2(\ln \frac{\lambda}{l})$, auf die Korrelationsfunktion $p\left(\frac{u}{l}\right)$ und auf die Längenvariationsfunktion $CB^2(\frac{L}{l})$. Aus den einzelnen Darstellungen der Abbildung 5 ist zu erkennen, daß sich die Anteile verschiedener Störungen additiv zusammensetzen.

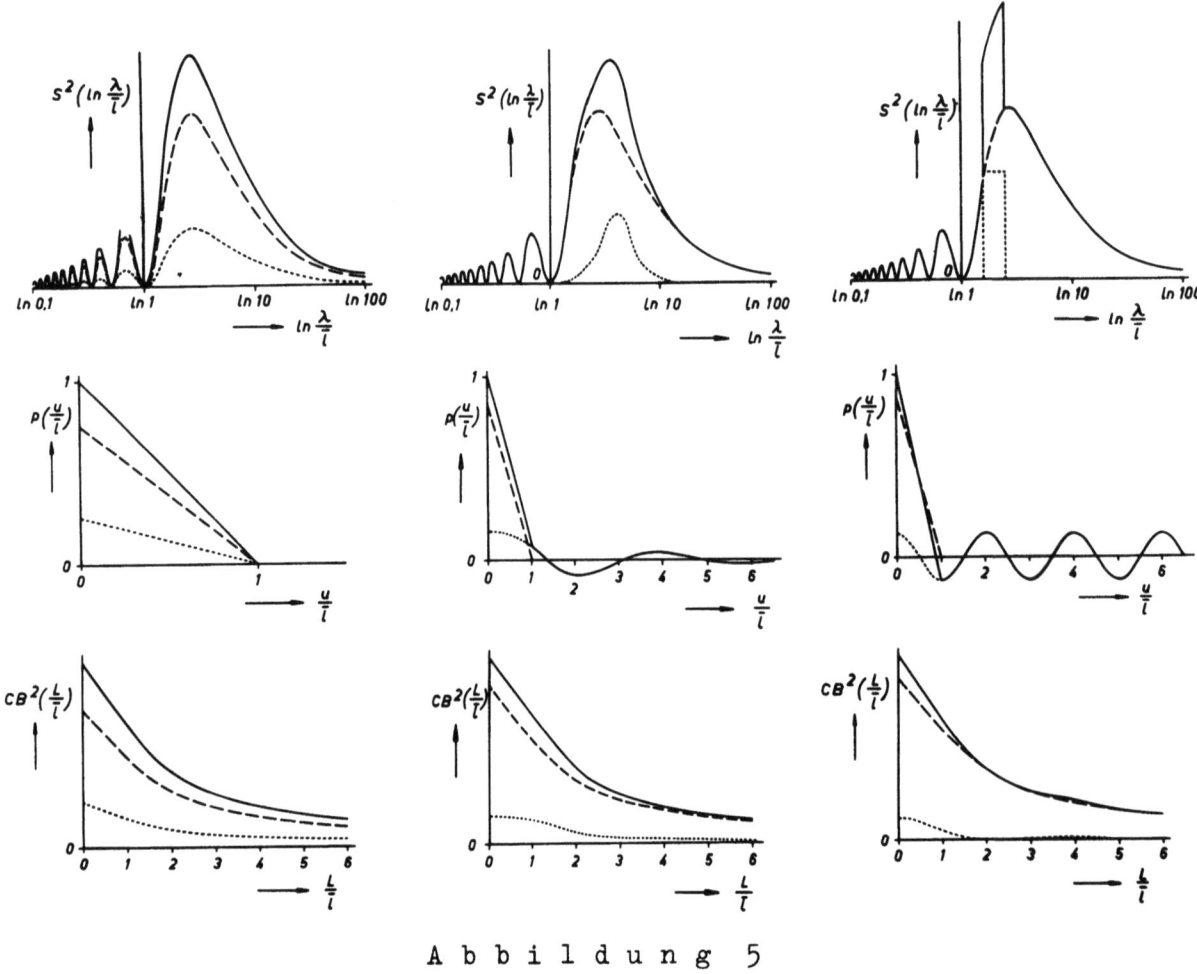

Abbildung 5

Auswirkung des Zusammenhaftens von Fasern (linke Spalte), der Verzugswellen (mittlere Spalte) und der ausgeprägten Perioden (rechte Spalte) auf die drei Kennfunktionen (nach WEGENER [40] und HOTH [40])

Die ausgezogenen Kurven stellen den Verlauf der durch die drei Störungsarten (Faserzusammenhaften, Verzugswellen, Perioden) beeinflußten tatsächlichen Kennfunktionen dar. Die gestrichelt dargestellten Kurven charakterisieren das Bild des ungestörten Anteils der Kennfunktionen (Idealgarn). Die punktiert dargestellten Kurven hingegen geben den Störungsanteil wieder. Infolge des Zusammenhaftens von Fasern verhalten sich die drei Kennfunktionen wie ein Garn mit weniger Fasern im Querschnitt, d.h. die Ungleichmäßigkeitskennzahlen $S^2(\ln \frac{\lambda}{\ell})$, $p\left(\frac{u}{\ell}\right)$ und $CB^2\left(\frac{L}{\ell}\right)$ werden ungünstiger, also größer ausfallen (linke Spalte der Abbildung 5). Der Anteil einer Verzugswelle an der Spektrumsfunktion ist nach den Angaben der ZELLWEGER AG. [173] eine glockenförmige Kurve. Der Anteil an der Korrelationsfunktion ist nach COX [90] und TOWNSEND [90] eine gedämpfte Schwingung, während der Anteil der Verzugswelle an der äußeren Längenvariationsfunktion einer gedämpften quadratischen Sinus-Schwingung mit verwischten Minima und Maxima entspricht (mittlere Spalte der Abbildung 5). Eine ausgeprägte periodische Störung ergibt im Spektrum eine schmale Spitze von entsprechender Höhe, die hier anschauungshalber durch eine breite Spitze von endlicher Höhe dargestellt wird. Der Anteil der periodischen Störung ergibt bei der Korrelationsfunktions-Charakteristik eine Schwingung der Gestalt $\cos 2\pi \frac{u}{\lambda}$. Bei der äußeren Längenvariationsfunktion bildet der periodische Störungsanteil eine gedämpfte quadratische Sinus-Schwingung von der Gestalt $\frac{\sin^2 \frac{\pi \cdot L}{\lambda}}{\left(\frac{\pi \cdot L}{\lambda}\right)^2}$ (Abb. 5, rechte Spalte).

## 2.113 Brauchbarkeit der drei Kennfunktionen

GISEKUS [199] weist in Anlehnung an die grundlegenden Arbeiten von WIENER [47, 73], DOBB [118] sowie GRENANDER [179] und ROSENBLATT [179] darauf hin, daß die meisten der in der Technik und in der Wirtschaft registrierbaren Schwankungen und somit auch die Querschnittsschwankungen eines Garnes den Charakter von morphologisch homogenen Funktionen haben. Je nachdem, ob sie beispielsweise

a) als reine Sinuswellen,

b) als morphologisch homogene Funktionen mit Erhaltungsneigung (z.B. Treppenfunktion mit statistisch verteilter Stufenhöhe, geglättete Zufallsfunktionen),

c) als morphologisch homogene Funktionen mit Oszillationsneigung (z.B. Sinuswelle mit Phasensprüngen nach bestimmten Perioden, statistische Superposition von sinusförmigen Elementfunktionen mit einigen Schwingungsperioden) auftreten, liefern sie ganz bestimmte charakteristische Kennfunktionen, in denen sich ihre spezifischen Eigenschaften unterschiedlich widerspiegeln.

Sofern es darum geht, mehrere periodische Einflüsse voneinander zu trennen, ist das Spektrum die anschaulichste Kennfunktion. Für die Trennung von periodischen und nichtperiodischen Schwankungsanteilen kann sowohl das Spektrum als auch das Korrelogramm verwendet werden. Ausgeprägte Periodizitäten sowie Verzugswellen sind, wie die Abbildung 5 ausweist, bei der äußeren Längenvariationskurve nur schwer voneinander zu unterscheiden, sie können kaum von anderen Überlagerungen getrennt werden. Die Wellenlänge $\lambda$ oder $\bar{\lambda}$ ist nicht feststellbar.

### 2.114 Benutzte Kennfunktionen

Es ist interessant festzustellen, daß, im Gegensatz zu anderen Forschungsgebieten, die Korrelationsfunktion, abgesehen von einmaligen Versuchen durch TOWNSEND [87, 90] und COX [87. 90] sowie ONIONS [176] und SELWOOD [176] und den Empfehlungen von GISEKUS [199], bei textilen Gleichmäßigkeitsprüfungen bislang nicht angewendet wurde. Dieser Umstand läßt sich aus der historischen Entwicklung der Gleichmäßigkeits-Prüfmethoden, der Meßwertgeber und -umformer sowie der ankoppelbaren Registrier-, Klassier- und Integrieranlagen erklären. Obwohl die bereits erwähnten Magnettonband-Verfahren (Abschn. 2.821) für die Zukunft eine wirtschaftliche Anwendung auch der Korrelogrammanalyse erhoffen lassen, stehen bis heute noch keine geeigneten Korrelographen zur Verfügung. Die Aufstellung von Korrelogrammen ist z.Z. bei einem größeren Versuchsprogramm trotz der empfohlenen Rechenschemata noch zu zeitraubend und aufwendig. Bei einer vorgegebenen Kostenhöhe stehen sich demnach gegenüber:

a) die Forderung nach einer sehr guten Analysiermethode und

b) die Forderung nach einer gewissen Schnelligkeit, wenn möglich sogar nach einer Automation des Prüfverfahrens.

Für die von WEGENER und Mitarbeitern erstrebte Klärung fest umrissener und eng begrenzter Fragestellungen nach dem Einfluß der verschiedensten Spinnprozeß- und Faserstoffmodifikationen auf die Garnungleichmäßigkeit war zwischen den beiden genannten Forderungen eine Kompromißlösung notwendig. Die erstellten Längenvariationskurven lieferten in Verbindung mit den Spektrogrammen für eine Prognose des Warenbildes so brauchbare und sehr genaue Ergebnisse, daß kein Grund vorlag, auch zusätzlich noch die Korrelogramme mühselig zu erstellen, solange hierfür noch kein geeigneter Korrelator zur Verfügung steht. Damit soll die Möglichkeit nicht ausgeschlossen werden, daß durch die zusätzliche Erstellung der Korrelogramme weitere ergänzende Aussagen erhalten werden können.

## 2.12 Prüftechnische Bestimmung der äußeren Längenvariationskoeffzienten (Auswertmethoden)

Die in der Abbildung 6 schematisch angedeuteten Methoden für die Bestimmung der äußeren Längenvariationskoeffizienten werden von WEGENER [2, 3, 4] und PEUKER [2, 3, 4] und von WEGENER [37] in gesonderten Arbeiten behandelt.

Die Anwendung der Methode des <u>Schneidens</u> und <u>Wiegens</u> für die Erfassung der Ungleichmäßigkeit des Merkmals "Materialdichte (Masse)" beschreibt MARTINDALE [60]. BREARLEY [74] und COX [74] schlagen für die Auswertung der anfallenden Urlisten das Arbeiten mit einer Zufallsziffern-Tabelle vor (vgl. FISHER [119] und YATES [119]). WORTHINGTON [84], TEMMERMAN [82] und HERMANNE [82] sowie GRAF [99] und HENNING [99] berichten in Anlehnung an DAEVES [68] und BECKEL [68] über das Summenhäufigkeits-Auswerteverfahren. Ein Näherungsverfahren schlägt BENSON [75] vor, drei weitere einfache Näherungsverfahren beschreibt CHAKRABARTI [121]; nomographische Methoden geben FISCHER [134] und LIEBSCHER [134] bekannt.

Für die schnelle Ermittlung des Mittelwertes und der Standardabweichung aus der Summenhäufigkeit entwickelte LOHSE [152] eine einfache Hilfsschablone. Für Meßwertdaten, die in 10 Klassen eingeteilt sind, lassen sich mit einem elektronischen Auswertgerät der Mittelwert und die Streuung errechnen[12]. TOWNSEND [93] sowie GROSBERG [131] und PALMER [131] vervollständigen die manuelle Methode des Schneidens und Wiegens unter Berücksichtigung der additiven Zusammenfügbarkeit der Teilstreuungen, wobei die Anwendung der doppelten Längenbezeichnung erforderlich ist.

Bei der <u>Auswertung geschriebener Kurvenzüge</u> (Diagramme) können das Trapezverfahren oder die SIMPSONsche Regel sowie das Wägeverfahren angewandt werden. Diese Methoden sind jedoch sehr zeitraubend. Unter Zugrundelegung des bekannten Mittelwertsatzes: "Die algebraische Summe der Abweichungen aller Glieder einer Reihe von ihrem arithmetischen Mittel ist gleich Null" kann mittels eines einfachen Planimeters die äußere

---

12. Erzeugnis der Fa. Güttinger, Niederteufen/Schweiz (siehe LOHSE [203] und VOGT [203]).

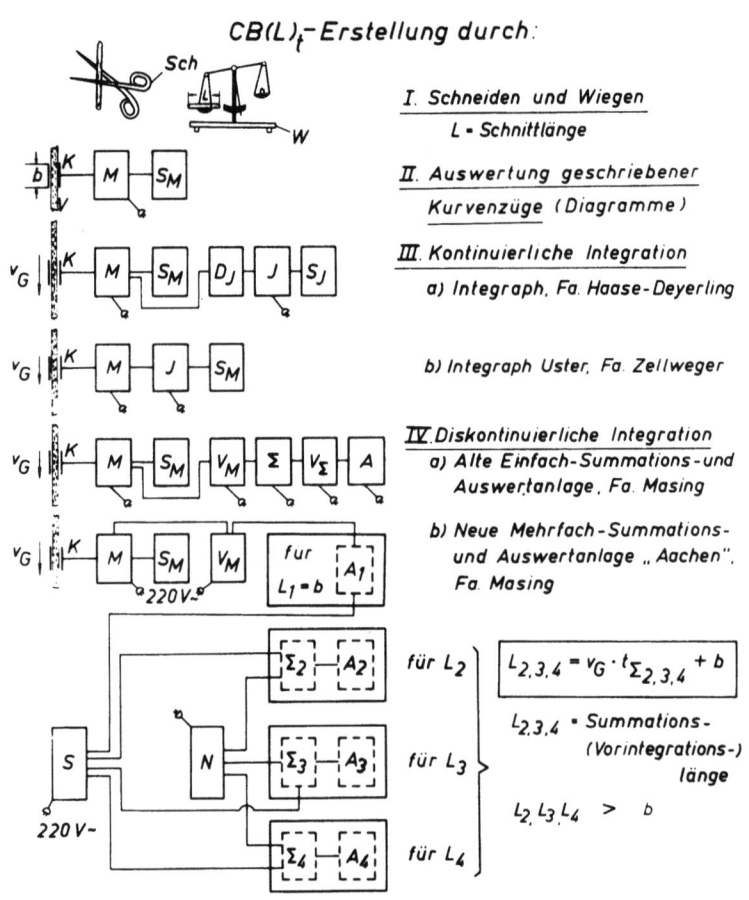

Abbildung 6

Sch = Schneidevorrichtung, W = Waage, K = Meßkondensator, b = Elektrodenlänge, $v_G$ = Garnprüfgeschwindigkeit, M = Meßwertumformer, $S_M$ = Schreiber zu M, J = Integrator, $D_J$ = Dämpfungsglied zu J, $S_J$ = Schreiber zu J, $V_M$ = Verstärker zu M, $\Sigma$, $\Sigma_{2 \text{ bis } 4}$ = Summationsglieder, $V_\Sigma$ = Verstärker zu $\Sigma$, A, $A_{1 \text{ bis } 4}$ = Auswertglieder (selbstklassierende Meßwertspeicher), S = Schaltpult, N = Netzspannungskonstanthalter

(lineare) Ungleichmäßigkeit U bestimmt werden (MEYER [151] und LANGER [151]). Um CB(L) zu bestimmen, muß ein Potenzplanimeter verwandt werden. Eine vereinfachte Methode ist das Spannweite-Verfahren (Variationsbreite- oder range-Verfahren). Dieser Methode entspricht auch das von BISCHOFF [94] vorgeschlagene Zerlegen der Diagrammkurve. Bei jedem Teilstück sollen dann der größte und der kleinste Wert bestimmt werden. GROSSMANN [95], MASING [95] und SCHUBERT [95] entwickelten die sogenannte Grenzlinienmethode. Hierbei kann der Variationskoeffizient nomographisch bestimmt werden (MASING [150]).

Die Auswertung eines kontinuierlichen Diagramm-Kurvenzuges erfolgt stichprobenartig mit Hilfe eines entsprechenden Maßstabes, wobei die einzelnen Meßwerte in Strichlisten eingetragen werden. Die Strichliste kann durch ein mechanisches Häufigkeitszählgerät[13] oder durch einen Tabulator mit einem angeschlossenen elektromechanischen Meßwertspeicher[14] ersetzt werden. Mittels eines mit Kontaktlamellen und einem Kontaktstift ausgerüsteten Vorsatzgerätes[15] kann die Diagrammauswertung weiter vereinfacht werden. Bei anderen Einrichtungen werden die Registrierkurven stichprobenartig abgetastet. Eine Schreibmaschine tabelliert dann die Werte, ein Klassiervorgang findet jedoch nicht statt.

Van ZWET [154] bestimmte die Längenvariationskoeffizienten in Anlehnung an TOWNSEND [93] mittels einer fortlaufenden Addition von Diagramm-Ordinatenwerten, die auf der Abszisse der registrierten Kurvenzüge in gleichen Abständen abgelesen wurden. Mit Hilfe eines entsprechenden Rechenschemas kann so der Variationskoeffizient jeder Länge L ermittelt werden. Das Verfahren ist jedoch sehr langwierig.

Die Methoden der <u>kontinuierlichen und diskontinuierlichen Integration</u> sowie die damit gewonnenen Ergebnisse wurden von WEGENER [21, 24] und ZAHN [21, 24], von WEGENER [2, 3, 4] und PEUKER [2, 3, 4] und von WEGENER [37] bereits in gesonderten Arbeiten behandelt. Über die mathematischen Einzelheiten der für die Ungleichmäßigkeitsprüfung von textilen Faserverbänden erstmalig am Institut für Textiltechnik der Techn. Hochschule Aachen von MATTHES [56] und MANGARTZ [56] entwickelten <u>kapazitiven</u> Meßmethode berichten BOYD [72], LOCHER [86, 120], GROSBERG [132, 136] und PALMER [132, 136], LEVI [135], MACK [156] sowie GRIGNET [193] und MONFORT [193]. Erwähnenswert sind die von WATERS [155][16] zwischen dem ITT-Brush-, dem Uster-, dem Fielden-Walker-, dem Pacific- und dem Saco-Lowell-Gleichmäßigkeitsprüfer durchgeführten Vergleiche. Für die Übereinstimmung der mit diesen Geräten, ihren Schreibern und ihren Integratoren gewonnenen Meßergebnisse wurden Korrelationskoeffizienten $r = 0,832$ bis $r = 0,996$ gefunden. Es wurden jedoch nur die in etwa dem totalen Variationskoeffizienten $CT_t$ entsprechenden $CV(L)_t$-Werte und keine Längenvariationskurven miteinander verglichen. Was das

---

13. Häufigkeitszählgerät Statitest der Firma Ferrari
14. Tabulator und Meßwertspeicher M 126 der Fa. Dr. Masing & Co. (MASING [153]).
15. Tastlineal Z 63 zum Meßwertspeicher M 126 der Fa. Dr. Masing & Co. (MASING [180] sowie VOGT [203] und LOHSE [203]).
16. Eine am Textilinstitut in Charlottsville, Virginia, 1954 durchgeführte Promotions-Arbeit.

ZELLWEGER-"Uster"-Gerät und den Fielden-Walker-Gleichmäßigkeitsprüfer sowie ihre kontinuierlich arbeitenden Integratoren betrifft, mit denen das Ungleichmäßigkeitsverhalten des Merkmals "Materialdichte (Masse)" bestimmt wird, sei auf die Ausführungen von WALKER [83], von GRIGNET [182] und von NIENHUIS [181], STOMPH [181] und VAN ZWET [181] verwiesen. Dabei ist zu beachten, daß, wie MATTHEW [76], RAJCHENBAUM [76] und SPENCER-SMITH [76] ausführen, bei einem kontinuierlichen Integrationsverfahren nicht unbedingt die vollen Abweichungen vom Gesamtmittel einer größeren Garnlänge bewertet werden. Gemessen werden vielmehr nur die Abweichungen gegenüber dem jeweiligen (gleitenden) Mittelwert eines Garnstückes bestimmter Länge; Schwankungen über größere Längen werden nicht erfaßt. Über die mit dem ZELLWEGER-Gleichmäßigkeitsprüfgerät durchgeführten vergleichenden Untersuchungen berichten GROSBERG [136] und PALMER [136] sowie KÖB [158]. Für die Aufstellung der $CB(L)_t$-Kurve ist für den ZELLWEGER-Gleichmäßigkeitsprüfer "Uster" von GROSBERG [132] und PALMER [132] für den (quadratischen) CV-Integrator und von GRIGNET [193] und MONFORT [193] für den (linearen) U-Integrator ein umfangreiches Korrekturverfahren ausgearbeitet worden (siehe auch VAN ZWET [157] und NIENHUIS [157]). Die mit verschiedenen Gleichmäßigkeitsprüfgeräten gewonnenen angenäherten totalen Variationskoeffizienten $CT_t$ <u>verschiedener Merkmale</u> vergleichen TOWNSEND [93], W.I.R.A. [92], BARELLA [137] sowie WEGENER [26] und ZAHN [26].

<u>2.121 Mehrfache Summations- und Auswertanlage "Aachen"</u>

WEGENER und PEUKER benutzen für die Aufstellung der äußeren Längenvariationskurve die Methode der diskontinuierlichen Summation (Integration). Über Einzelheiten dieser Methode und die dafür entwickelten elektronischen Geräte berichten MASING [160, 161], WEGENER [2, 3, 4] und PEUKER [2, 3, 4], VOGT [186] und ZIMMER [186], MENDE [185] sowie WEGENER [37].

Die Abbildung 7 zeigt die für die Bestimmung des Längenvariationsverhaltens des Merkmals "Materialdichte (Masse)" benutzten Geräte. Der am Meßwertverstärker $V_M$ anfallende zu den Materialdichte-Schwankungen des Garnes proportionale, elektrische Meßspannungszug ist stichprobenartig zu analysieren. Er hat beispielsweise den in der linken Figur der Abbildung 8 eingezeichneten Verlauf und wird impulsartig durch einen elektronischen Impulsgeber 10-, 5-, 2- oder 1mal je Sekunde abgetastet. Die Abtastzeit beträgt nur ca. 0,0001 s. In dem Anodenkreis von 11 Thyratronröhren liegen 11 elektromagnetische Zählwerke 1,2 ... 11. Die

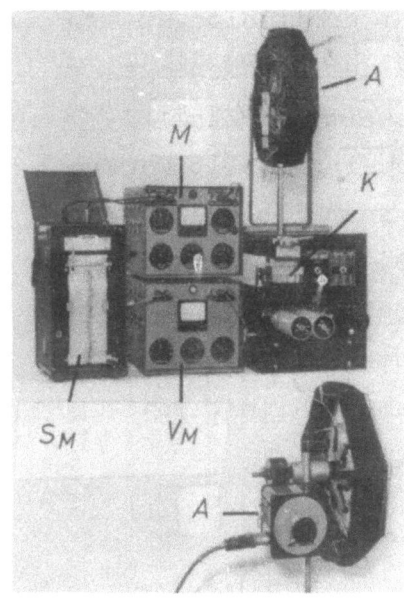

Abbildung 7

Längenvariations-Prüfanlage

Linke Figur: Meßwerterstellungs-, Umform- und Verstärkereinheit für das Merkmal "Materialdichte (Masse)". K = Meßkondensator[17], M = Meßbrücke Textronograph[17], $V_M$ = Meßwertverstärker[17], A = Abzugsgerät mit Ablauf- und Auflaufhaspeln[18], $S_M$ = Diagrammschreiber[19]. Rechte Figur: Mehrfache Summations- und Klassiereinheit[20] (Auswertanlage "Aachen"). $A_{1,2,3,4}$ = Klassierung der Materialdichteschwankungen von Garnstücken der Längen $L_1$ = $b < L_2 < L_3 < L_4$. $\Sigma_{2,3,4}$ = Summationsglieder für die Summationslängen $L_{2,3,4} = v_G \cdot t_{\Sigma 2,3,4} + b$. Sch = Schaltpult

Steuergitter der 11 Röhren $T_1$, $T_2$ ... $T_{11}$ sind an einen Spannungsteiler, der aus den Einzelwiderständen $R_1$, $R_2$ ... $R_{11}$ zusammengesetzt ist, angeschlossen. An den Spannungsteiler kann die von 1,5 V bis 10 V in 13 Stufen einstellbare Sperrspannung "Klassierbreite" angelegt werden. Am Potentiometer "Klassenanlage" ist eine Sperrspannung bis 100 V abgreifbar. Während der Abtastzeit $\Delta t$ zündet eine vom Momentanwert der abgetasteten Meßspannung $U_E$ abhängige Anzahl von Thyratrons, die so lange gezündet bleiben, bis die im Verhältnis zu $\Delta t$ trägen Zählwerke sicher geschaltet haben. Zwischen den Meßimpulsen $\Delta t$ werden die Thyratrons jedesmal durch eine Impulsspannung, die der Anodenspannung überlagert ist, außer Betrieb gesetzt. Am Ende des Versuches liegt in den einzelnen Klassen die <u>Summenhäufigkeit</u> gespeichert vor. Aus ihr kann

---

17. Fa. Haase-Deyerling, Negenborn/Hann.
18. Fa. Textechno, H. Stein, Mönchengladbach
19. Fa. AEG
20. Fa. Dr. Masing & Co. KG, Erbach/Odenw.

nach bekannter Methode der Variationskoeffizient leicht ermittelt werden. Das Ergebnis einer Änderung der Klassenbreite und der Klassenlage zeigt die linke Figur der Abbildung 8. Die Empfindlichkeit der Zählwerke muß mittels eines Vorversuches (Garn-Vorlauf) so eingestellt werden, daß die Meßspannungsschwankungen mit Sicherheit innerhalb des Bereiches der 11 Klassen liegen. Ein 12. Zählwerk registriert die gesamte Stichprobenanzahl N. Ein Zusatzgerät gestattet eine aperiodische, d.h. eine rein zufallsbedingte Impulsfrequenz. Materialdichte-Perioden können dann niemals mit der Impulsfrequenz der Abtastung zusammenfallen, wodurch falsche Meßergebnisse entstehen würden.

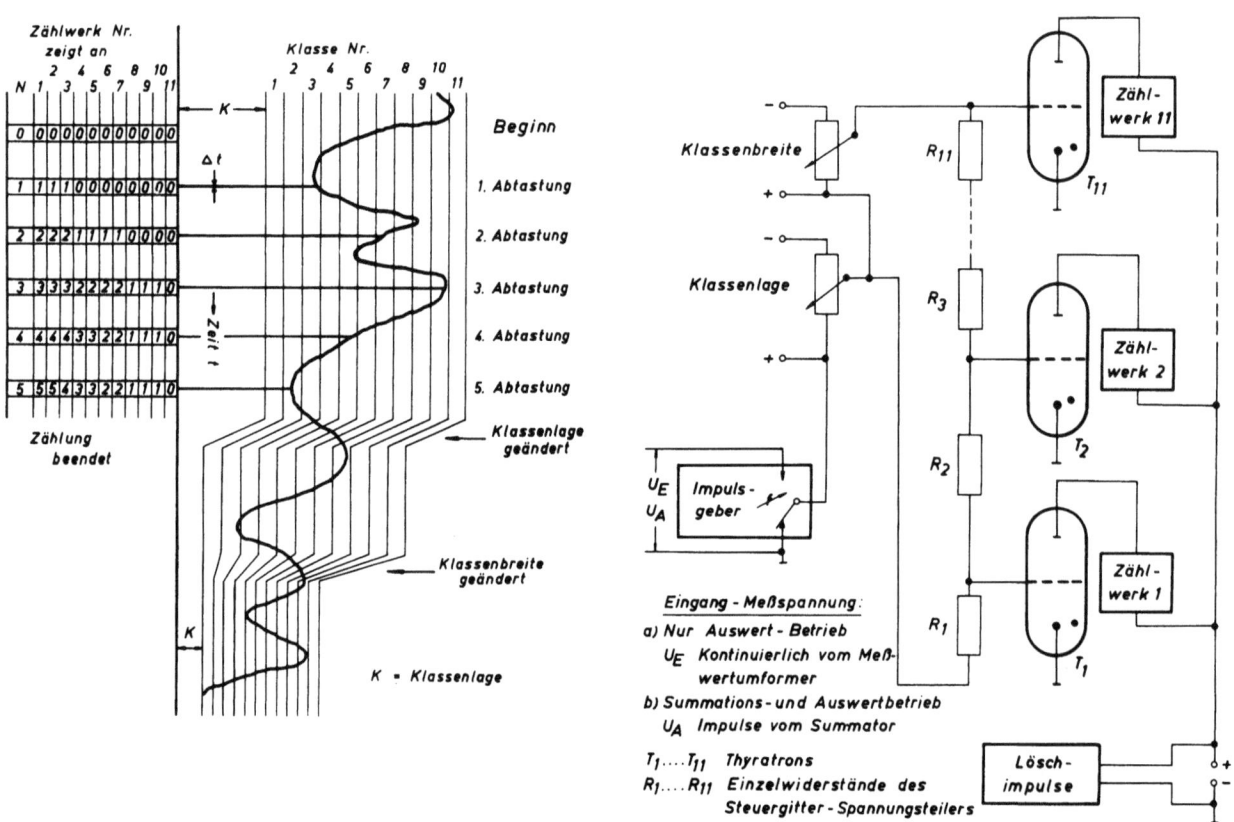

Abbildung 8

Wirkungsweise und Prinzipschaltbild einer elektronischen Klassierung und Speicherung (Meßwertspeicher) bei stichprobenartiger Abtastung $\Delta t$ eines Meßspannungszuges

Es gilt die Beziehung:

$$\text{Abtastlänge} = L_1 = v_G \cdot \Delta t + b, \tag{51a}$$

wobei $v_G$ die Garnprüfgeschwindigkeit und b die Kondensator-Elektrodenlänge bedeuten. Da $\Delta t$ sehr klein ist, kann der Ausdruck $v_G \cdot \Delta t$

vernachlässigt werden, und es gilt für das Auswertgerät $A_1$ der Abbildung 7:

$$L_1 = b = \text{kleinste Abtastlänge,} \qquad (51b)$$

d.h. die kleinste erfaßbare Länge ist die Meßkondensator-Elektrodenlänge b.

In der Abbildung 9 ist das vereinfachte Schaltbild einer <u>diskontinuierlichen Summation</u> (Integration) dargestellt.

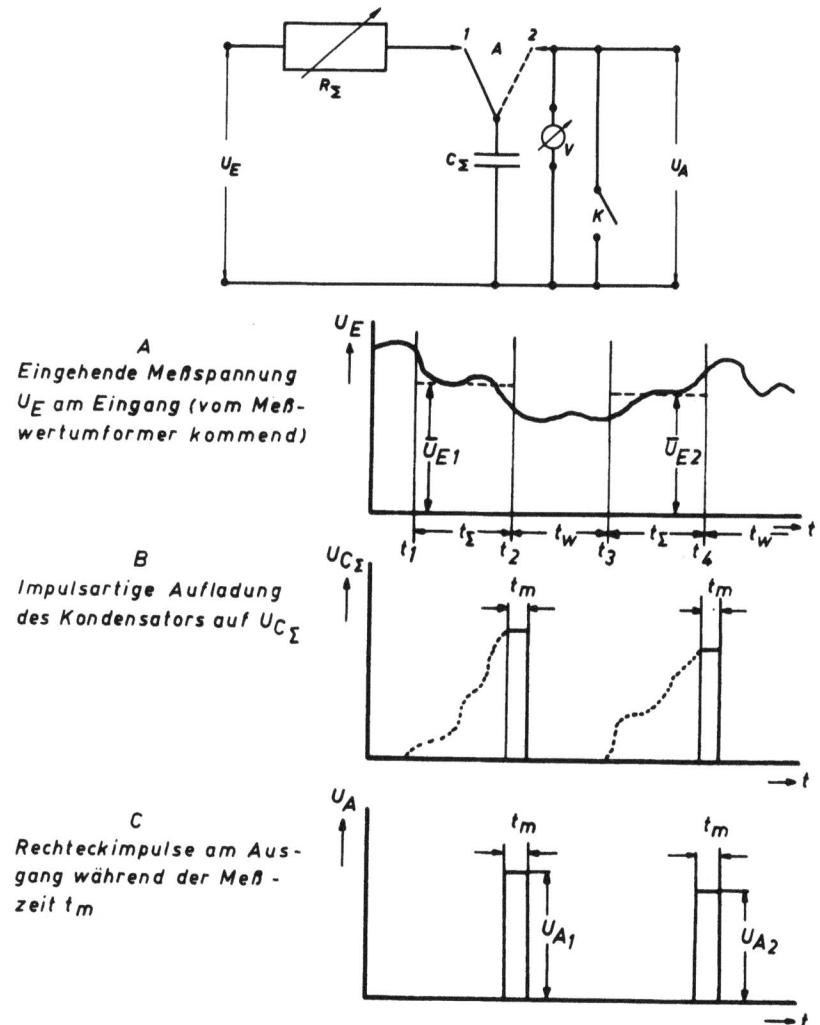

A b b i l d u n g   9

Prinzipschaltbild und Funktionsbilder zum diskontinuierlichen Summationsvorgang

Die im Takte der Materialdichte modulierte Gleichspannung des Meßwertverstärker-Ausgangs $U_E$ lädt als kontinuierlicher Meßspannungszug über einen Ladewiderstand $R_\Sigma$ einen entladenen Summationskondensator $C_\Sigma$ auf. Der Anker A ist mit dem Punkt "1" verbunden. Bei dieser Stellung bildet sich bei $C_\Sigma$ in einer vorbestimmten Summationszeit $t_\Sigma$, die je nach der gewünschten Summationslänge zwischen 0,2 bis 10,2 s. wählbar ist, eine mittlere Spannung $U_{C_\Sigma}$ aus. $U_{C_\Sigma}$ entspricht der in der Zeit $t_\Sigma$ durch den Meßkondensator gelaufenen Garnlänge.

$$\text{Summationslänge} = L_{2,3,4} = v_G \cdot t_{\Sigma\,2,3,4} + b. \qquad (51c)$$

Die Eingangsspannung ist eine zeitabhängige Funktion, d.h. $U_E = f(t)$. Für einen bestimmten Mittelwert der Eingangsspannung gilt:

$$\bar{U}_E = \frac{1}{t_2 - t_1} \int_{t_1}^{t_2} U_E \cdot dt, \qquad (52)$$

wobei $t_2 - t_1 = t_\Sigma$ ist. Nach dem Ablauf der Summationszeit $t_\Sigma$ wird der Anker A automatisch auf die Entladestellung "Z" umgeschaltet. Nunmehr beginnt die von 0,2 s. bis 5 s. einstellbare Wartezeit $t_w$. Während der stets konstanten Meßzeit $t_m$ gelangt die als Rechteckimpuls $U_A$ ausgebildete Summatorspannung bei geöffnetem Schalter K über ein Verstärkerglied in den Meßwertspeicher, wo sie entsprechend klassiert wird. Nach dem Ablauf der Meßzeit $t_m$ schließt sich im Summator der Schalter K; $C_\Sigma$ wird kurzgeschlossen, d.h. entladen. Nach Ablauf der Wartezeit $t_w$ öffnet sich K, der Anker A stellt auf die Ladestellung "1" um; der Summationsvorgang beginnt von neuem.

Die in der Abbildung 7 gezeigte Meßanordnung gestattet es, bei einer entsprechenden Abstimmung von $t_\Sigma$ und $v_G$ mit nur 2 Garndurchläufen insgesamt sieben Punkte der $CB(L)_t$-Kurve zu erhalten, davon drei bis vier im Bereich kurzer Längen und drei bis vier im Bereich mittlerer Längen. Der $CB(L)_t$-Bereich der langen Längen wurde ab $L = 10^3$ cm mangels entsprechend hoher Summationszeiten und wegen der Nichtanwendbarkeit sehr hoher Garnprüfgeschwindigkeiten durch Schneiden und Wiegen erfaßt (Abbildung 20, Abschnitt 5).

Infolge des Austausches des Meßkondensators und der Meßbrücke "Textronograph" (Abb. 7) durch die in der Abbildung 10 im Prinzip dargestellte photoelektrische Meßwertgeber-, Umformer- und Verstärkereinheit war es in Verbindung mit der beschriebenen Auswertanlage "Aachen" möglich, auch die $CB(L)_t$-Kurven des für das Garn- und Gewebeaussehen so wichtigen Garn-Ungleichmäßigkeitsmerkmals "optischer Durchmesser" zu erstellen. WEGENER [10, 12, 13, 19, 20] und PEUKER [10, 12, 13, 19, 20] vergleichen die $CB(L)_t$-Kurven des Merkmals "Materialdichte" mit denen des

Merkmals "optischer Durchmesser" von Garnen der gleichen Nummer Nm, die nach unterschiedlichen Spinnverfahren oder aus verschiedenen Mischungen gesponnen wurden.

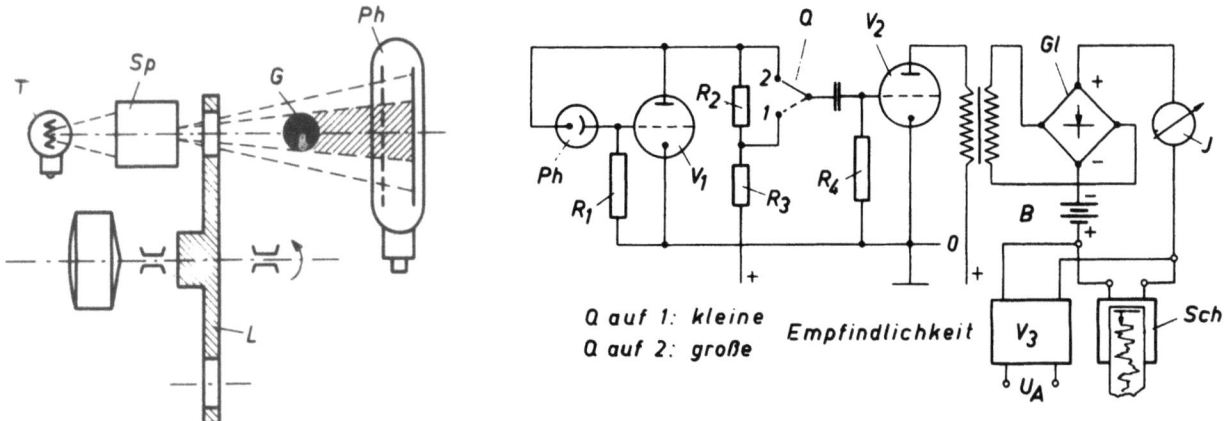

Abbildung 10

Prinzipskizze der Meßwertgebung und Umformung sowie ein vereinfachtes Schaltbild der Meßwertverstärkung für das Merkmal "optischer Durchmesser"[21]

Das von einer Tonfilmlampe T ausgehende und durch einen Spalt Sp gebündelte Licht trifft auf das Garn G und wirft dessen Schatten auf die Fotozelle Ph (linke Figur der Abb. 10). Das restliche Licht aktiviert an der Oberfläche der Fotozellen-Emissionsschicht Elektronen. Durch diesen lichtelektrischen Effekt fließt ein Strom (Fotostrom), der sich linear mit der Beleuchtungsstärke, d.h. mit dem Garndurchmesser ändert. Um eine gute Anzeige und Nullpunktkonstanz zu erhalten, wird mit Wechsellicht, d.h. mit Wechselmeßstrom gearbeitet. Hierzu bedient man sich einer mit 16 Löchern von 1 cm Durchmesser versehenen und mit 3000 min$^{-1}$ rotierenden Lochscheibe L. Bei der Meßwertverstärkung (rechte Figur der Abb. 10) wird die über den Widerstand $R_1$ einlaufende und in der Verstärkerröhre $V_1$ vorverstärkte Wechselspannung bei $V_2$ nochmal verstärkt und bei GL gleichgerichtet. Mit zunehmendem Garndurchmesser verringert sich infolge einer größeren Schattenwirkung der Fotozellenstrom. Mit Hilfe einer Kompensationsspannung B wird die umgekehrte Wirkung erzielt, so daß bei vollbelichteter Fotozelle das Anzeigeinstrument J keinen Ausschlag und bei ganz verdunkelter Fotozelle einen Vollausschlag zeigt.

---

21. Garndickenmeßgerät "FM 2" der Fa. Drello/Mönchengladbach bzw. "Liphograph" der Fa. Textechno, H. Stein, Mönchengladbach (STEIN [123, 166]).

Die für die Auswertanlage notwendige Ausgangsspannung $U_A$ liefert ein zusätzlicher Verstärker $V_3$.

Die Abbildung 11 zeigt die mittels verschieden dicker Eichdrähte aufgenommenen Eichkurven. Diese veranschaulichen die notwendige Forderung, die in die Garnebene projizierte Lichtspaltbreite Br und den mittleren Durchmesser D des zu prüfenden Garnes durch eine entsprechende Regulierung des optischen Systems so aufeinander abzustimmen, daß in etwa die Hälfte des Spaltes vom Garn verdeckt wird. Dann besteht die Gewähr, daß die Durchmesser <u>linear</u> in elektrische Größen umgeformt, verstärkt, klassiert und registriert werden.

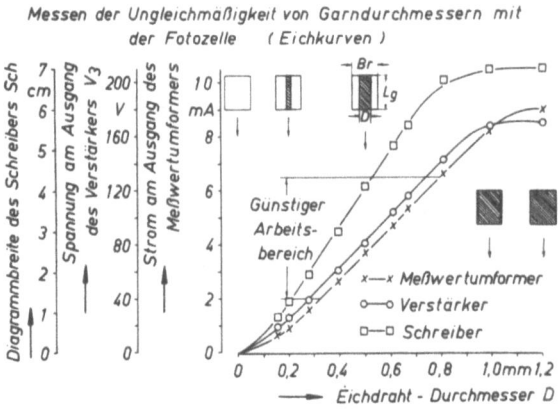

A b b i l d u n g  11
Eichkurven der fotoelektrischen Meßwertumformung,
der Verstärkung und der Schreiber-Registrierung

NATUS [108] entwickelte die fotoelektrische W.I.R.A.-Methode von BARKER [48] und STANBURY [48, 50] weiter. Hierbei wird das Garn aus verschiedenen Richtungen (Mehrstrahlmethode) beleuchtet, so daß mehrere Schattenbilder auftreten (winkelversetzte Projektion mit Hilfe eines Kreuzspaltes). Aus den dazugehörigen Meßergebnissen wird ein Mittelwert gebildet. WEGENER [10, 12, 13, 19, 20] und PEUKER [10, 12, 13, 19, 20] erhielten über das Ungleichmäßigkeitsverhalten des Merkmals "optischer Durchmesser" der Garne auch bei nur einer Anstrahlrichtung (Einstrahlmethode) zufriedenstellende Ergebnisse, sofern der Stichprobenumfang hinreichend groß gewählt wurde (Tabelle der Abb. 2). Bei hohen Stichprobenumfängen liefert die Einstrahlmethode auch bei Garnen mit nicht immer runden Querschnitten reproduzierbare Ergebnisse, d.h. der in etwa totale Variationskoeffizient $CB(0,3 \text{ cm})_t$ der Fotozelle stimmt mit dem aus den mikroskopischen Durchmesserermittlungen gefundenen $CT_t$-Wert sehr gut überein (WEGENER [13, 20] und PEUKER [13, 20]). GRÜNER [107] benutzt eine fotoelektrische Meßmethode, bei der das Garn in der Längsrichtung angestrahlt wird, wodurch der gesamte Garnquerschnitt erfaßt werden soll. KAWATA [122] und SEGAWA [122] messen mit einem Oszillographen die fotoelektrischen Stromschwankungen, die von zwei zueinander um 90° versetzten Garnprojektionen stammen (Spiegelreflexionsverfahren).

Theoretisch gilt:

$$CT_{Masse} = 2 \cdot CT_{Opt. \emptyset} \tag{53a}$$

bzw.

$$CB(L)_{Masse} = 2 \cdot CB(L)_{Opt. \emptyset} \quad . \tag{53b}$$

In Wirklichkeit sind die $CT_{Opt. \emptyset}$- bzw. die $CB(L)_{Opt. \emptyset}$-Koeffizienten kleiner, ebenso groß oder größer als die entsprechenden Variationskoeffizienten des Merkmals "Materialdichte (Masse)". Demnach gilt:

$$CT_{Masse} = k \cdot CT_{Opt. \emptyset} \quad . \tag{53c}$$

Bei einem Vergleich der angenäherten totalen Variationskoeffizienten, die mit verschiedenen Geräten gewonnen wurden, fand TOWNSEND [93] k-Koeffizienten von 1,84 bis 2,38.

Nach BRENY gilt theoretisch (siehe BARELLA [137]):

$$CT_{Masse} = 2 \cdot CT_{Opt.\emptyset} \cdot \left(1 - \frac{3}{4} CT^2_{Opt.\emptyset} \cdots\right) \quad . \tag{53d}$$

Nach BARELLA [137] gilt[22]:

$$CT^2_{Opt.\emptyset} = \frac{1}{2} CT^2_{Masse} + \frac{1}{2} CT^2_{Drehung} \quad . \tag{53e}$$

WEGENER [10] und PEUKER [10] stellten fest, daß die Längenvariationskoeffizienten der optischen Durchmesserschwankungen beispielsweise bei Baumwollgarnen der Nummer Nm 34 bei einer Solldrehung von 661 $\frac{T}{m}$ je nach dem betrachteten Längenbereich 1,1- bis 1,5mal so groß sind wie die

---

22. Diese Gleichung wird auf BARELLA-ARAÑO (L'Industrie Textile, Juni 1952) zurückgeführt.

Schwankungen der Materialdichte (Masse). Bei Langflachs- und Kurzflachsgarnen treten wiederum andere Verhältnisse auf (WEGENER [12, 13, 20] und PEUKER [12, 13, 20]). Die festgestellten Abweichungen von den obigen Beziehungen sind auf den Einfluß der Garndrehung, der Faserpackungsdichte, der Oberflächenhaarigkeit und auch auf den Einfluß der angewandten Prüfmethode zurückzuführen, wobei besonders das Verhältnis der Größe des projizierten Lichtspaltes zum Garnschatten von Bedeutung ist. Aus diesem Grunde sind die Meßergebnisse verschiedener fotoelektrischer Geräte nicht ohne weiteres miteinander vergleichbar (siehe ONIONS [77], PICKERING [77] und STABLES [77], BARELLA [98, 110], ONIONS [138] und YATES [138] sowie WEGENER [26] und ZAHN [26]). Diese Gegebenheiten hielten WEGENER und PEUKER davon ab, den tatsächlichen $CB(L)_t$-Kurven des Merkmals "optischer Durchmesser" eine ideale $CB(L)_i$-Kurve zuzuordnen. Es genügt nicht, in den Gleichungen (36a) und (36b) $CB(0)_i$ durch 2 zu dividieren. Es muß noch ein Faktor eingefügt werden, der den Drehungsgrad[23], die Bauschigkeit und die Haarigkeit auch des ideal gleichmäßigen Garnes berücksichtigt. Derartige Faktoren liegen für die einzelnen Provenienzen jedoch noch nicht vor. Ansätze hierfür geben BARELLA [174, 183, 187, 188, 194], VAN-ISSUM [204], CHAMBERLAIN [204] und BARELLA [204], HAMILTON [205] sowie BARELLA [205].

Über die Einzelheiten der fotometrischen Messung des Merkmals "optischer Durchmesser" berichten ferner FRANZ [51] und HENNING [51], CHAMBERLAIN [58], ANDERSON [61], CAVANEY [61], FOSTER [61] und GREGORY [61], MATTHEW [76], RAJCHENBAUM [76] und SPENCER-SMITH [76], MAILLARD [139], AMOUROUX [139] und BARELLA [139], BANERJEE [165] und SEN [165], BANERJEE [192], BHATTACHARYYA [192] und SEN [192] sowie FRIEDEMANN [217].

## 2.122 Gleichmäßigkeitsprüfanlage "Uster" mit Spektrograph[24]

Die Abbildung 12 zeigt die für die Erstellung der Spektrogramme (siehe Abb. 30) eingesetzten Prüfgeräte. Bei der Verwendung eines Sonder-Abzuggerätes[25] für sehr hohe Garngeschwindigkeiten $v_G$ erfaßten WEGENER [8, 9, 10, 12, 20] und PEUKER [8, 9, 10, 12, 20] mit $v_G = 100 \frac{m}{min}$ bis 800 $\frac{m}{min}$ auch den Bereich langer Wellenlängen von $\lambda = 10^3$ cm bis $8 \cdot 10^3$ cm.

---

23. UNO [219], SAITO [219], SHIOMI [219] und HIRAMATU [219] messen fotoelektrisch fortlaufend die Schwankungen des Faserdrehungswinkels am bewegten Garn.
24. Fa. Zellweger AG, Uster/Schweiz
25. Textechno, H. Stein, Mönchengladbach

Abbildung 12

Gleichmäßigkeitsprüfgerät GP "Uster" mit angeschlossenem Spektrograph Sp, Diagrammschreiber $S_{GP}$ und Spektrogrammschreiber $S_{SP}$. A = Normales eingebautes Abzugsgerät (bis $v_G = 100 \frac{m}{min}$)

## 2.13 Erweiterte (mehrfache) Längenbezeichnung

Bei einer stichprobenartigen Entnahme ist man auf eine relativ geringe Garn-Prüfmenge angewiesen. Es ist zu empfehlen, neben der Schnitt- bzw. Summationslänge L auch die erfaßte Prüflänge $\ell$ anzugeben. Die Schreibweise $CB(L, \ell)_t$ bedeutet, daß es sich bei dem Merkmal "Materialdichte (Masse)" um die tatsächlichen Gewichtsschwankungen "zwischen" gleichlangen Schnittlängen L "innerhalb" einer Prüflänge $\ell$ handelt. Wie die Abbildung 13 erkennen läßt, können die Stichproben, d.h. die Schnitt- oder Abtastlängen kontinuierlich oder diskontinuierlich entnommen werden. Die nichterfaßten Abfall-Längen $A_1$, $A_2$, $A_3$ ... der Methode des Schneidens und Wiegens entsprechen hierbei den während der Wartezeit den Meßkondensator durchlaufenen nicht gemessenen Garnlängen der diskontinuierlichen elektronischen Summationsmethode. Es gilt die Beziehung:

$$0 < b < L < \ell < \ell_C < \ell_T \lessgtr T . \tag{54}$$

Die Variationskoeffizienten eines Idealgarnes beziehen sich stets auf die Prüflänge der Grundgesamtheit T, so daß $CB(L, T)_i$ zu schreiben ist. Auf Grund der additiven Beziehung der Variationskoeffizienten gilt allgemein:

$$CB^2(a,c) = CB^2(a,b) + CB^2(b,c) \tag{55a}$$

und speziell für $a = L$, $b = \ell_C$ und $c = \ell_T$:

$$CB^2(L, \ell_T)_t = CB^2(L, \ell_C)_t + CB^2(\ell_C, \ell_T)_t \tag{55b}$$

$$CB^2(L, \ell_C)_t = CB^2(L, \ell_T)_t - CB^2(\ell_C, \ell_T)_t \tag{55c}$$

$$CB^2(\ell_C, \ell_T)_t = CB^2(L, \ell_T)_t - CB^2(L, \ell_C)_t \tag{55d}$$

Der äußere Variationskoeffizient $CB^2(L, \ell_T)_t$ ist die Gesamtstreuung, $CB^2(L, \ell_C)_t$ der Anteil der Längsstreuung und $CB^2(\ell_C, \ell_T)_t$ der Anteil der Querstreuung (siehe Abb. 9 bei WEGENER [1] und PEUKER [1]).

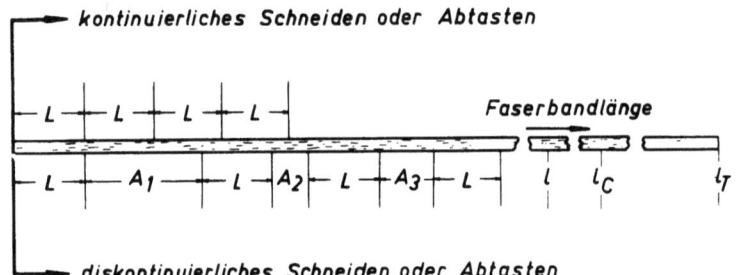

$l$ = durch Stichproben erfaßte Prüfstreckenlänge
$l_T$ = durch Stichproben repräsentierte Streckenlänge der Grundgesamtheit T
$l_C$ = durch Stichproben erfaßte Prüfstreckenlänge einer Aufmachungseinheit C
  A = Abfall      L = Schnittlänge

A b b i l d u n g  13
Stichprobenentnahme

2.131 Einfluß der Probenahme

Um eine Aussage über $CB(L, T)_t$ bzw. über $CB(L, \ell_T)_t$ zu erhalten, bedarf es eines sehr großen Stichprobenumfanges. Das erfordert bei der manuellen Methode des Schneidens und Wiegens einen nicht zumutbaren Aufwand. Unter Bezugnahme auf die additiven Beziehungen der Längenvariationskoeffizienten ist es jedoch möglich, das <u>direkte</u> Verfahren des Schneidens und Wiegens durch ein <u>indirektes</u> Verfahren abzukürzen und zu vervollkommnen (TOWNSEND [93] sowie GROSBERG [131] und PALMER [131]).

### Tabelle 1

Die Methoden des indirekten und des direkten Schneidens und Wiegens

(Baumwollgarn Nm 50, 644 $\frac{T}{m}$) (vgl. Abb. 14)

| Position Nr. | Direktes Schneiden und Wiegen | | Anzahl der Längen L pro $\ell$ pro $\ell_C$ pro $\ell_T$ $N_L$ | Anzahl Prüfungen pro Posit. Nr. $N_P$ | Gesamte Stichprobenanzahl N | Indirektes Schneiden und Wiegen | |
|---|---|---|---|---|---|---|---|
| | $CB^2$ (Schnittlänge, Prüflänge) $L < \ell < \ell_C < \ell_T \lesssim T$ | | | | | $CB^2(L, \ell_T)$ [%] | Rechenschema der Positionen Nr. |
| | für N = 100 - 600 | | | | | für N = $\infty$ | |
| 1 | $CB^2$( 1 ; $\ell$ ) | 365,49 | 10 | 60 | 600 | 394,00 | 1 + 6 - 7 + 8 |
| 2 | $CB^2$( 3 ; $\ell$ ) | 231,32 | 10 | 49 | 490 | 259,83 | 2 + 6 - 7 + 8 |
| 3 | $CB^2$( 11,6 ; $\ell$ ) | 123,69 | 10 | 38 | 380 | 152,20 | 3 + 6 - 7 + 8 |
| 4 | $CB^2$( 32,2 ; $\ell$ ) | 72,80 | 10 | 30 | 300 | 91,45 | 4 + 6 - 7 + 8 |
| 5 | $CB^2$( 101,5 ; $\ell$ ) | 29,38 | 10 | 25 | 250 | 57,89 | 5 + 6 - 7 + 8 |
| 6 | $CB^2$( 1015 ; $\ell_C$ ) | 15,33 | 10 | 15 | 150 | 28,51 | 6 - 7 + 8 |
| 7 | $CB^2$(10150 ; $\ell_C$ ) | 4,55 | 10 | 10 | 100 | 17,73 | 8 |
| 8 | $CB^2$(10150 ; $\ell_T$ ) | 17,73 | 2 | 50 | 100 | 13,18 | - 7 + 8 |

L = Schnittlänge = 1,0 cm; 3 cm; 11,6 cm; 32,2 cm; 101,5 cm; 1015 cm; 10150 cm
$\ell$ = Prüflänge innerhalb $\ell_C$ = 1015 cm
$\ell_C$ = Garnlänge eines Cop = 4,35 $\cdot$ 10$^5$ cm
$\ell_T$ = Garnlänge des gesamten Prüfmaterials = 50 $\cdot$ 4,35 $\cdot$ 10$^5$ cm
T = Garnlänge der stichprobenartig zu prüfenden Grundgesamtheit = $\infty$

Die Tabelle 1 zeigt den Zusammenhang der beiden Methoden. Durch Aufwinden von $\ell$ = 1015 cm Garn auf eine mit Schneidschienen versehene Garnweife findet man die Längsvariationskoeffizienten $CB^2(L,\ell)_t$, also $CB^2$ (1; 1015)$_t$, $CB^2$ (3; 1015)$_t$, $CB^2$ (11,6; 1015)$_t$, $CB^2$ (32,2; 1015)$_t$ und $CB^2$ (101,5; 1015)$_t$. Für die Schnittlänge beispielsweise von L = 1 cm wurden je Cop $N_L$ = 10 Einzelgewichte $g_i$ sowie das Gewicht $g_\ell$ der Prüflänge $\ell$ = 1015 cm bestimmt. Die Schnittlängen L haben jedoch innerhalb der Prüflänge $\ell$ den gleichen Abstand $\ell'$ = 101,5 cm minus L cm (Abfall, siehe Abb. 13). Diese Gegebenheiten werden bei der Berechnung der Variationskoeffizienten durch die Gleichung

$$CB^2(L,\ell)_t = \frac{\frac{1}{N_L-1}\left[\sum_{i=1}^{i=N_L}g_i^2 - N_L\left(\frac{L^2}{\ell^2}\right)g_\ell^2\right]}{L^2 \cdot M^2} \cdot 100^2 \quad (56a)$$

berücksichtigt. Der Zähler der Gleichung (56a) - die Streuung - wird jedoch nicht durch den "momentanen" Mittelwert $\left(\frac{\Sigma g_i}{N_L}\right)^2$ geteilt, sondern, wie das bereits CHAKRABARTI [121] und BANDYOPADHYAY [162] empfehlen, durch den auf 1 cm bezogenen Mittelwert M <u>aller langen</u> Längen (hier der 100 m-Längen). Mit Rücksicht auf die im Bereich kurzer Längen teilweise recht große Abweichung des Momentanmittelwertes $\frac{\Sigma g_i}{N_L}$ vom Gesamtmittelwert M · L wird zweckmäßig die Gleichung

$$CB^2(L,\ell)_t = \left\{\frac{\frac{1}{N_L-1}\left[\sum_{i=1}^{i=N_L}g_i^2 - N_L\left(\frac{L^2}{\ell^2}\right)g_\ell^2\right]}{M^2 \cdot L^2} - \frac{\frac{2}{N_L-1}\left[\sum_{i=1}^{i=N_L}g_i - N_L\left(\frac{L}{\ell}\right)g_\ell\right]}{M \cdot L}\right\} 100^2 \quad (56b)$$

angewandt. Die z.B. von $N_P$ = 60 Cops aus je $N_L$ = 10 Messungen je Cop gewonnenen 60 $CB^2 (L,\ell)_t$-Werte werden gemittelt:

$$CB^2(L,\ell)_t = \frac{\sum_{i=1}^{i=N_P}CB_i^2(L,\ell)_t}{N_P} \quad . \quad (56c)$$

Durch das Abhaspeln der Schnittlängen L = 101,5 cm, L = 1015 cm und L = 10150 cm aus verschiedenen Höhenlagen eines Cop werden die äußeren Längenvariationskoeffizienten $CB^2 (101,5; \ell_c)_t$, $CB^2 (1015; \ell_c)_t$ und $CB^2 (10150; \ell_c)_t$ gewonnen. Die Entnahme dieser Schnittlängen erfolgte rein zufällig, somit ist hier die für kleine Stichprobenumfänge geltende bekannte Gleichung:

$$CB^2(L, \ell_C)_t = \frac{\frac{1}{N_L-1}\left[\sum_{i=1}^{i=N_L} g_i^2 - \frac{1}{N_L}\left(\sum_{i=1}^{i=N_L} g_i\right)^2\right]}{\left(\frac{1}{N_L}\cdot\sum_{i=1}^{i=N_L} g_i\right)^2} \cdot 100^2 \tag{56d}$$

anwendbar. Die Mittelwertbildung der Variationskoeffizienten erfolgt nach der Gleichung (56c). Entnimmt man die Schnittlänge L = 10150 cm von verschiedenen Cops, so erhält man $CB^2(10150; \ell_T)_t$. Auf Grund der additiven Beziehung gelten:

$$CB^2(1; \ell_C)_t = CB^2(1; 1015)_t + CB^2(1015; \ell_C)_t$$

und

$$CB^2(1; \ell_T)_t = CB^2(1; \ell_C)_t + CB^2(\ell_C; \ell_T)_t.$$

Der äußere Variationskoeffizient $CB^2(\ell_C, \ell_T)_t$, d.h. die Streuung der Copsgewichte untereinander ist nicht bekannt. Auch hier hilft die additive Beziehung:

$$CB^2(\ell_C, \ell_T) = CB^2(10150; \ell_T) - CB^2(10150; \ell_C).$$

Dieser Vorgang erklärt die in der Tabelle 1 für $CB^2(1, \ell_T)$ angegebene Rechenvorschrift: Pos. 1 + Pos. 6 - Pos. 7 + Pos. 8.

### 2.132 Direkte, indirekte und diskontinuierliche Methode

Die Abbildung 14 zeigt die nach verschiedenen Methoden ermittelten äußeren Längenvariationskurven eines Baumwollgarnes der metr. Nummer Nm 50[26]. Die niedrigsten Variationskoeffizienten weist die mit der Methode des direkten Schneidens und Wiegens erhaltene $CB(L,\ell)_t$-Kurve auf. Wie die nur für 10 und 15 Cops ermittelten Koeffizienten $CB(1015, \ell_C)_t$ = 3,92 $\pm$ 0,63 % und CB (10150, $\ell_C)_t$ = 2,13 $\pm$ 0,42 % zeigen, wurde hierbei besonders der Querstreuungsanteil nur unzureichend erfaßt, so daß für die Prüflänge $\ell$ keinesfalls $\ell_T$ geschrieben werden darf. Die höchsten äußeren Längenvariationskoeffizienten läßt die $CB(L, \ell_T)_t$-Kurve der Methode des indirekten Schneidens und Wiegens erkennen. Durch die

---

26. Es handelt sich um das Garn des Baumwollspinnprozesses Nr. 5, dessen Korrelations- und Längenvariationsverhalten bereits in den Abbildungen 1 und 2 für verschiedene Merkmale dargestellt wurden (siehe Baumwoll-Spinnprozeß 5 bei WEGENER [20] und PEUKER [20]).

rechnerische Addition des Querstreuungsanteils $CB(\ell_C, \ell_T)$ wurde die Voraussetzung für die Schreibweise $CB(L, \ell_T)_t$ geschaffen. Die $CB(L, \ell_T)_t$-Kurve repräsentiert also das Ungleichmäßigkeitsverhalten der Grundgesamtheit T, d.h. die Schwankungen, die auftreten würden, wenn alle Cops aller Ringspinnmaschinen der gesamten Produktionszeit lückenlos untersucht worden wären. Zwischen diesen beiden extremen Fällen liegen die von L = 0,3 cm bis einschließlich L = 325,7 cm gewonnenen Variationskoeffizienten der $CB(L,\ell)_t$-Kurve der diskontinuierlichen Summationsmethode. Wie die Tabelle der Abbildung 2 ausweist, liegen den Längenvariationskoeffizienten dieser $CB(L,\ell)_t$-Kurve große Stichprobenanzahlen N zugrunde. Sie nähert sich sehr gut der das Verhalten der Grundgesamtheit T

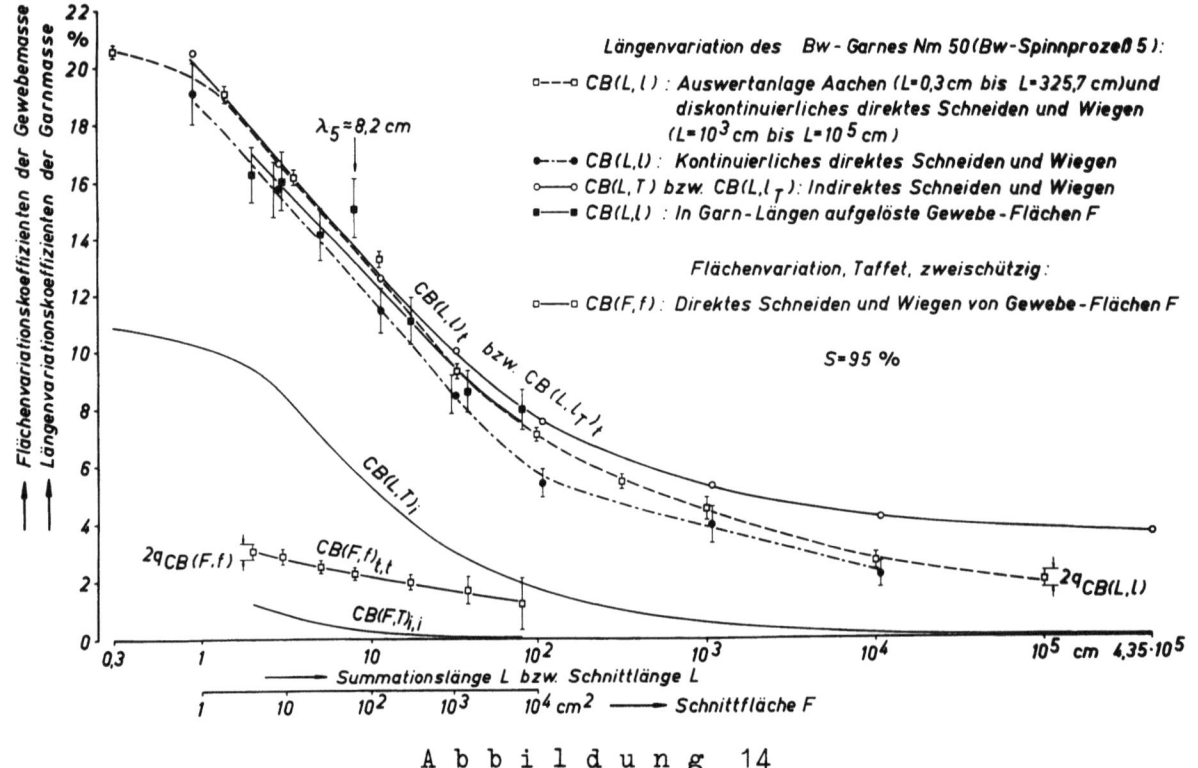

Abbildung 14

Das Längen- und Flächenvariationsverhalten eines Baumwollgarnes Nm 50

repräsentierenden Kurve der indirekten Schneide- und Wiegemethode, so daß für die Prüflänge $\ell$ hier $\ell_T$ geschrieben werden könnte. Im Bereich langer Längen L = $10^3$ cm bis L = $10^5$ cm wurde aus den bereits im Abschnitt 2.121 genannten Gründen die Methode des direkten Schneidens und Wiegens angewandt, der diesmal jedoch 50 Cops zugrunde lagen. Das äußert sich in einer höheren Lage dieser Kurve gegenüber der mit nur 10 bis 15 Cops erstellten. Hieraus folgt: Im Bereich kurzer und mittlerer Garnlängen

kann das Ungleichmäßigkeitsverhalten der Grundgesamtheit T mit Hilfe
der Summations- und Auswertanlage "Aachen" repräsentativ ermittelt werden. Im Bereich langer Längen, für den diese Anlage nicht benutzt werden
konnte, ist das bei dem <u>indirekten</u> Schneide- und Wiege-Verfahren mit relativ wenigen Cops oder bei dem <u>direkten</u> Schneide- und Wiege-Verfahren
mit sehr vielen Cops möglich. Mit den in der Praxis zur Verfügung stehenden relativ geringen Prüfcopmengen dürfte es nicht immer gelingen,
den durch das additive Glied $CB^2 (\ell_C, \ell_T)$ maßgeblich beeinflußten hohen
Verlauf der mit dem "indirekten" Verfahren gewonnenen $CB(L, \ell_T)_t$-Kurve
auch mit der "direkten" Schneide- und Wiege-Methode im Bereich langer
Längen hinreichend zu repräsentieren. Man muß sich dann bezüglich der
Anzahl der zu zerstörenden Cops mit einer Kompromißlösung begnügen. Für
vergleichende Untersuchungen genügen erfahrungsgemäß 50 bis 100 Cops.
Die Wahl einer noch höheren Copanzahl dürfte wirtschaftlich nicht tragbar sein.

Die Abbildung 14 enthält noch eine $CB(L,\ell)_t$-Kurve, die durch Auflösen
von Gewebeschnittflächen F und Wiegen der Schußlängen $L_{Sch} = e_{Sch} \cdot \sqrt{F}$
dieser Schnittflächen erhalten wurde. Der Kurve bzw. dem Gewebe liegen
ca. 25 Cops zugrunde, so daß diese $CB(L,\ell)_t$-Charakteristik besonders im
Bereich mittlerer Längen höhere Variationskoeffizienten aufweist als
die der direkten Methode des Schneidens und Wiegens, die auf nur 10 bis
15 Cops basiert. Die Abbildung 14 enthält auch die Flächenvariationskurve $CB(F,f)_{t,t}$ des mit dem Baumwollgarn als Schußgarn gefertigten
Gewebes. Die Erstellung der Flächenvariationskoeffizienten und ihre Zuordnung zu entsprechenden $CB(L,\ell)_t$- bzw. $CB(L,\ell_T)_t$-Kurven ist jedoch
Gegenstand des nachstehenden Abschnittes 3.

In einer gesonderten Arbeit wiesen WEGENER [14] und PEUKER [14] auf den
Unterschied der $CB(L,\ell)_t$-Kurven hin, der auftritt, wenn einem Prüfstrahn
statt 50 Cops nur 5 Cops zugrunde liegen (Querstreuung). In derselben
Arbeit wird die Reproduzierbarkeit der angewandten diskontinuierlichen
Summationsmethode bei einer Wiederholung der Prüfung untersucht.
$CB(L,\ell)_t$-Kurven von Mischgarnen aus Langflachs und Zellwolle, die sowohl nach der Methode des Schneidens und Wiegens, als auch nach der kapazitiven diskontinuierlichen Summationsmethode gewonnen wurden, sind
in einer weiteren Arbeit dargestellt (WEGENER [12] und PEUKER [12]).

Zum Zwecke einer exakten Definition der untersuchten Längen schlugen
WEGENER [1, 2] und PEUKER [1,2] für die innere Längenvariationskurve
(variance-within-curve) eine <u>dreifache</u> Längenbezeichnung $CV(b,L,\ell)_t$ vor,

wobei b die in der Praxis meist kleine (b = 3 - 30 mm) Elektrodenlänge, L die je Aufmachungseinheit geprüfte Länge und $\ell$ die gesamte Prüflänge bedeuten.

## 2.14 Verarbeitungsgüte des Garnes

Um wieviel größer der "tatsächliche" totale Variationskoeffizient gegenüber dem "idealen" totalen Variationskoeffizienten ist, gibt der erstmals von HUBERTY [65] aufgestellte tatsächliche K-Faktor an. Es gilt:

$$\frac{CT_t}{CT_i} = \frac{CB(0,\ell)_t}{CB(0,T)_i} = K(0)_t > 1 \quad . \tag{57a}$$

Der ideale K-Faktor $K(0)_i = 1$ kann nie erreicht werden. Je weniger der Wert $K(0)_t$ von 1 abweicht, um so besser ist die Verarbeitungsgüte des Garnes. Für <u>alle</u> Garnlängen gilt:

$$\frac{CB(L,\ell)_t}{CB(L,T)_i} = K(L)_t > 1 \quad . \tag{57b}$$

Zwei Garne der gleichen metrischen Nummer, die aus Fasern verschiedener Feinheit oder aus Fasern verschiedener Länge gesponnen wurden, können eine günstige $K(L)_t$-Kurve aufweisen, so daß demnach am Spinnprozeß nichts auszusetzen wäre. Dennoch wird unter Umständen, z.B. das Garn mit den dickeren Fasern im Querschnitt beim Garn- oder Gewebebild auf Grund seines ungünstigeren $CB(L,\ell)_t$- sowie $CB(L,T)_i$-Verhaltens schlechter abschneiden, besonders dann, wenn es zu hoch ausgesponnen wurde (Raumdiagramm der Abb. 4). Hierfür ist jedoch nicht der Spinnprozeß, sondern die Rohstoffbeschaffenheit verantwortlich zu machen (siehe Abschnitt 5).

GROSBERG [163] sowie MALATINSKY [164] und GROSBERG [164] berechnen mittels der $K(0)_t$-Werte der einzelnen Spinnprozeßpassagen die $CB^2(L,\ell)_t$-Kurve des Garnes:

$$CB^2(L,\ell)_t = \frac{\bar{\ell}_g}{\bar{n} \cdot L} \left[ K(0)_{t_p} + K(0)_{t_{p-1}} + \ldots K(0)_{t_o} - p \right] \cdot 100^2 \tag{58a}$$

$$L = (V_p \cdot V_{p-1} \cdots V_1) \cdot \bar{\ell}_g \quad .$$

Es bedeuten:

$K(0)_{t_o}$ = $K(0)_t$-Wert des Garnes,

$K(0)_{t_p}$ = $K(0)_t$-Wert am Eingang der p-ten Spinnprozeßpassage, wobei der Feinspinnprozeß die Ordnungsnummer 0 erhält,

$V_p$ = Verzug der p-ten Spinnprozeßpassage, wobei der Feinspinnprozeß die Ordnungsnummer 1 erhält.

Eine weitere Anwendungsmöglichkeit der $K(L)_t$-Werte ist dann gegeben, wenn für eine vorgegebene statistische Sicherheit die extremen, gerade noch zulässigen oberen und unteren Nummernabweichungen $Nm_o$ und $Nm_u$ bestimmter Garnlängen L angegeben werden sollen. Es gilt, falls $CB(L,\ell)_t$ in Prozenten vorliegt:

$$\left.\begin{array}{c}Nm_o \\ Nm_u\end{array}\right\} = \frac{\overline{Nm}}{1 \mp 3 \cdot K(L)_t \cdot \frac{CB(L,\ell)_t}{100}} \quad . \tag{58b}$$

Bekanntlich treten Abweichungen vom Mittelwert $\overline{Nm}$, die nach oben und nach unten das Dreifache der Streuung überschreiten, nur mit 0,3 %iger relativer Häufigkeit, d.h. sehr selten auf. Der obigen Gleichung liegt demzufolge die bekannte $3\sigma$-Grenze zugrunde. Die Benutzung der Gleichung (58b) setzt jedoch voraus, daß für das jeweils untersuchte Garn bzw. für die betreffende Garntype die erstrebenswerten Soll-$K(L)_t$-Werte vorliegen.

## 3. Ungleichmäßigkeit der textilen Flächengebilde

Das Ungleichmäßigkeitsverhalten eines Garn-Merkmals wird durch einzelne Messungen entlang der Garnachse ermittelt. Eine Garn-Ungleichmäßigkeitskennziffer gilt, wie eingehend erörtert wurde, stets für Garnabschnitte bestimmter Längen. Dementsprechend müssen die Ungleichmäßigkeits-Mermale der textilen Flächengebilde flächenbezogen sein.

### 3.1 Merkmale der Flächen-Ungleichmäßigkeit

Einige bedeutende Ungleichmäßigkeitsmerkmale, wie beispielsweise die Materialdichte (Masse), das Volumen und die Faseranzahl des Garnes können ebensogut auch für die Charakterisierung der Flächen-Ungleichmäßigkeit benutzt werden. Die Ermittlung anderer Garnmerkmale hingegen muß auf eine evtl. mögliche Prüfung der Flächengebilde abgestimmt werden. So wird das Garnmerkmal des optischen Durchmessers bei Flächengebilden zum Merkmal der Lichtdurchlässigkeit (Transparenz). Weitere Garnmerkmale, wie die Reißkraft oder die Bruchdehnung, sind bei den Flächengebilden u.a. weitgehend von den benutzten Bindungen abhängig und können demzufolge im Flächengebilde nicht mehr einwandfrei untersucht werden[27]. Bei diesen Merkmalen interessiert eher das Gebrauchswert als das Ungleichmäßigkeitsverhalten[28]. Erwähnenswert wären noch diejenigen Garnmerkmale - wie beispielsweise die Drehung -, deren Prüfung nicht ohne weiteres auf ein Flächengebilde übertragen werden kann, die aber für das gleichmäßige Aussehen des Warenbildes von Bedeutung sind. Die Betrachtung der Drehung bleibt auch bei den Flächengebilden ausnahmslos an die Längeneinheit des in der Fläche verarbeiteten Garnes gebunden.

## 3.2 Materialdichte (Masse)

Ebenso wie sich die Dicke eines Garnes von Querschnitt zu Querschnitt ändert, schwankt auch die Dicke bzw. die Materialdichte (Masse) eines textilen Flächengebildes von Punkt zu Punkt. Somit ist dieses Merkmal auch für die Darstellung der Ungleichmäßigkeit von Flächengebilden gut geeignet. Die Materialdichte (Masse) soll auch bei den Flächengebilden im Vordergrund der Betrachtungen stehen.

## 3.3 Flächenvariationskoeffizienten

Bei den Garnen wurden für die Erfassung von Schwankungen des Merkmals "Materialdichte (Masse)" häufig die Gewichte $g_i$ von N Garnstücken der gleichen Länge L innerhalb einer bestimmten Prüflänge $\ell$ ermittelt. Bei einem Flächengebilde können dementsprechend die Gewichte $G_i$ von gleich großen Schnittflächen F innerhalb einer bestimmten Prüffläche f bestimmt werden. Man erhält dann den äußeren "tatsächlichen" (Index t) Flächenvariationskoeffizienten $CB(F,f)_t$ zu:

---

27. BÖHME [100] versucht zwar, zunächst nur, von der Ungleichmäßigkeit der Festigkeit ausgehend, den Ausfall des Warenbildes vorherzubestimmen (50 cm Einspannlänge). Das ist, wie WEGENER [7, 10, 12, 13, 15, 20] und PEUKER [7, 10, 12, 13, 15, 20] zeigen konnten, bei auffallend guten oder schlechten Gleichmäßigkeiten im Bereiche kürzerer oder mittlerer Garnlängen zuweilen möglich. Für die Erklärung beispielsweise der Bandenbildung muß jedoch auch BÖHME auf das Ungleichmäßigkeitsverhalten des Merkmals "Materialdichte" im Bereich langer Längen zurückgreifen (Nummernhaltung: 10 m-Sortierung).
28. SCHIEFER [69], CREAN [69] und KRASNY [69] bestimmen während des Scheuerns mit dem SCHIEFER-Flachscheuergerät den fortschreitenden Scheuereffekt indirekt über das Merkmal der Materialdichte (Masse) (ANON [78]). Durch ein kapazitives Abtasten der gescheuerten und ungescheuerten Flächen können Relativ-Kennwerte über die Materialdichteverteilung der textilen Flächengebilde gewonnen werden ("ISORUIN"-Darstellung des natürlichen Verschleißes an getragenen Kleidungsstücken).

$$CB(F,f)_t = \frac{\sqrt{\frac{1}{N-1}\left[\sum_{i=1}^{i=N} G_i^2 - \frac{1}{N}\left(\sum_{i=1}^{i=N} G_i\right)^2\right]}}{\frac{1}{N}\sum_{i=1}^{i=N} G_i} \cdot 100 \quad [\%] \: . \tag{59}$$

Mit Rücksicht auf die stets begrenzte, endlich große Prüffläche f und den damit verbundenen Einfluß der Querstreuung wird empfohlen, auch beim Flächenvariationsverhalten die doppelte Flächenbezeichnung zu verwenden.

Das Ausschneiden und Wiegen von Flächen ganz bestimmter Größe mittels quadratischer, rechteckiger oder runder Schablonen dient - inzwischen genormt (DIN 53 854) - bereits seit langem zur Kontrolle des vorgeschriebenen Metergewichts einer Ware. Der Gedanke, das Flächengewicht auch zur Ungleichmäßigkeitsbestimmung textiler Flächengebilde zu verwenden, ist hingegen nur wenige Jahre alt. Eine "brauchbare" Methode für die Bestimmung der Flächenvariationskoeffizienten (Flächenvariationskurven) wurde erst durch WEGENER [5 bis 20] und PEUKER [5 bis 20], durch WEGENER [35] und HOTH [35] und durch WEGENER [39] und GENDRIESCH [39] angegeben.

In den Jahren 1952 bis 1953 bestimmte BARELLA [112] mit drei verschieden großen Leuchtflächen ($F = 0,5^2$ cm$^2$; $0,75^2$ cm$^2$ und $1,5^2$ cm$^2$) die Variationskoeffizienten des Merkmals "Gewebe-Lichtdurchlässigkeit". Er stellte sie den gravimetrisch gewonnenen Variationskoeffizienten gegenüber ($F = 1,5^2$ cm$^2$; $2,5^2$ cm$^2$ und $5^2$ cm$^2$). Der Quotient zweier jeweils einander entsprechender Variationskoeffizienten sollte dann ein Maß für die Beziehung zwischen der Garn- und der Gewebeungleichmäßigkeit sein, was experimentell jedoch nicht bewiesen wurde.

Zwei Jahre später bestimmten MAILLARD [143], ROEHRICH [143] und AMOUROUX [143] gravimetrisch die Variationskoeffizienten kreisrunder Flächen ($F = 0,785$ cm$^2$ bis $F = 28,27$ cm$^2$). Im Flächenbereich $F = 12,57$ cm$^2$ bis $F = 28,27$ cm$^2$ erhielten sie unerklärbare Abweichungen. Erwähnenswert bleibt eine Streuungsanalyse, nach der zwischen den Variationskoeffizienten und den kreisrunden Flächen kein statistisch gesicherter Zusammenhang bestehen soll. Eine Kreisfläche von $F = 8,04$ cm$^2$ wird, allerdings ohne nähere Begründung, für Ungleichmäßigkeitsuntersuchungen als am günstigsten angesehen. In einer weiteren Arbeit berichten 1956 dieselben Forscher [172] im Rahmen einer Untersuchung von 12 Gewirken über einen außergewöhnlich guten Korrelationskoeffizienten $r = 0,923$ zwischen den gravimetrisch gewonnenen Variationskoeffizienten der 8-cm$^2$-Kreisflächen und den Zellweger-Spektrogrammen. Als Spektrogramm-Kennzahl wird die Summe der Quadrate von jeweils 30 Spektrogramm-Ordinatenwerten $s^2(\ln \lambda)$ bestimmt.

Im Januar 1958 stellten WEGENER [5] und PEUKER [5] von zwei Baumwoll-Schußgarnen, die nach zwei verschiedenen Spinnverfahren hergestellt worden waren, erstmalig vollständige, für die Beurteilung des Ungleichmäßigkeitsverhaltens textiler Flächengebilde brauchbare Flächenvariationskurven auf. Durch acht verschiedene quadratische Schnittflächen im Bereich $F = 1^2$ cm$^2$ bis $80^2$ cm$^2$ wurde das Ungleichmäßigkeitsverhalten der gesamten Warenbreite berücksichtigt.

Jeder "tatsächlichen" Flächenvariationscharakteristik liegt auch eine ideale Flächenvariationskurve zugrunde. Theoretisch sind vier Kombinationen möglich:

a) Garn mit einer tatsächlichen Ungleichmäßigkeit wird mit Hilfe eines tatsächlichen Flächenherstellungsprozesses verarbeitet. Man erhält aus diesem Gewebe die Flächenvariationskoeffizienten $CB(F,f)_{t,t}$.

b) Ideal gleichmäßiges Garn wird mittels eines tatsächlichen Flächenherstellungsprozesses verarbeitet. Man erhält $CB(F,f)_{i,t}$.

c) Garn mit einer tatsächlichen Ungleichmäßigkeit wird ideal zum Flächengebilde verarbeitet. Man erhält $CB(F,T)_{t,i}$.

d) Ideal gleichmäßiges Garn wird ideal gleichmäßig verarbeitet. Aus dem so hergestellten Flächengebilde erhält man die Flächenvariationskoeffizienten $CB(F,T)_{i,i}$.

Es ist weder möglich, ein "ideal" gleichmäßiges Garn herzustellen, noch gelingt es, ein Garn "ideal" gleichmäßig zu einem Flächengebilde zu verarbeiten. Beispielsweise läßt sich beim Webprozeß keine vollkommene Konstanz der Kett- und Schußfadenanzahl, der Kett- und Schußgarneinarbeitung, der Kett- und Schußgarnspannung usw. einhalten. In der Praxis ist demnach nur der Fall a zu verwirklichen. Im folgenden repräsentieren die aus zwei Fadensystemen (Kett- und Schußgarn) hergestellten Gewebeflächen die bereits eingangs genannte Vielzahl textiler Flächengebilde.

### 3.4 Ideale Flächenvariation

Unter der Voraussetzung einer zufälligen Verteilung von dicken und dünnen Garnstellen über die Fläche berechneten WEGENER [35] und HOTH [35] für ein Gewebe die Flächenvariationskoeffizienten von Kett- und Schußgarnen, die nach einem beliebigen (tatsächlichen) Spinnprozeß hergestellt und ideal verwebt wurden. In Anlehnung hieran gilt für den Flächenvariationskoeffizienten eines ideal gleichmäßigen Schußgarnes (Index Sch) und eines ideal gleichmäßigen Kettgarnes (Index Ke) bei einem idealen Webvorgang:

$$CB^2(F,T)_{i,i} = \frac{1}{\sqrt{F}} \left[ \frac{CB^2(L_{Sch},T)_i \cdot z_{Sch} \left(\frac{e_{Sch} \cdot Nm_{Ke}}{e_{Ke} \cdot Nm_{Sch}}\right)^2 + CB^2(L_{Ke},T)_i \cdot z_{Ke}}{\left(z_{Sch} \cdot \frac{e_{Sch} \cdot Nm_{Ke}}{e_{Ke} \cdot Nm_{Sch}} + z_{Ke}\right)^2} \right] . \quad (60)$$

Es bedeuten:

$F = L_e^2$ = Inhalt der quadratischen Gewebefläche mit der Seitenlänge $L_e$,

$CB(L_{Sch},T)_i$ = idealer Längenvariationskoeffizient des Schußgarnes,

$L_{Sch} = e_{Sch} \cdot \sqrt{F}$ = der Fläche F zugeordnete Schußgarnlänge,

$e_{Sch} = \frac{L_{Sch}}{L_e}$ = Einarbeitung des Schußgarnes,

$z_{Sch}$ = Anzahl der Schußgarnfäden,

$Nm_{Sch}$ = metr. Nummer des Schußgarnes.

Der Index Ke bezieht sich dementsprechend auf die Kettgarn-Kennzahlen.

Durch Zusammenfassen derjenigen Kennzahlen, die als $Nm_{Sch}$, $Nm_{Ke}$, $e_{Sch}$, $e_{Ke}$, $z_{Sch}$ und $z_{Ke}$ den von der Fläche F unabhängigen äußeren Gewebeaufbau charakterisieren:

Gewebeaufbaukoeffizient
(1. Fadensystem)
$$\xi = \frac{z_{Sch}\left(\frac{e_{Sch} \cdot Nm_{Ke}}{e_{Ke} \cdot Nm_{Sch}}\right)^2}{\left(z_{Sch} \cdot \frac{e_{Sch} \cdot Nm_{Ke}}{e_{Ke} \cdot Nm_{Sch}} + z_{Ke}\right)^2} \quad (61a)$$

Gewebeaufbaukoeffizient
(2. Fadensystem)
$$\eta = \frac{z_{Ke}}{\left(z_{Sch} \cdot \frac{e_{Sch} \cdot Nm_{Ke}}{e_{Ke} \cdot Nm_{Sch}} + z_{Ke}\right)^2} , \quad (61b)$$

erhält man in einer vereinfachten Schreibweise:

$$CB^2(F,T)_{i,i} = \frac{1}{\sqrt{F}} \left[ CB^2(L_{Sch},T)_i \cdot \xi + CB^2(L_{Ke},T)_i \cdot \eta \right] . \quad (62)$$

Für den Sonderfall, daß das Kett- und das Schußgarn sowie die Fadenanzahl pro cm in beiden Fadensystemen gleich sind und die Einarbeitung 1 ist, gilt

$$CB^2(F,T)_{i,i} = \frac{CB^2(L_{Sch},T)_i}{2 \cdot z_{Sch} \cdot L_{Sch}} = \frac{CB^2(L_{Ke},T)_i}{2 \cdot z_{Ke} \cdot L_{Ke}} \quad . \tag{63}$$

Unter der Voraussetzung, daß das Gewebe in der Kett- und in der Schußrichtung gleich aufgebaut ist, gilt dann gemäß dem Dublierungsgesetz:

$$CB_{Sch}(F,T)_{i,i} = CB_{Ke}(F,T)_{i,i} = CB(F,T)_{i,i} \cdot \sqrt{2} \quad . \tag{64}$$

$CB_{Sch}(F,T)_{i,i}$ bzw. $CB_{Ke}(F,T)_{i,i}$ sind die idealen Variationskoeffizienten des Schuß- bzw. des Kettgarnanteils.

Mit $L = \frac{1}{z}$ ist der praktisch kleinstmögliche Fadenabstand erreicht. Der dazugehörige $CB(F,T)_{i,i}$-Wert kann bereits als totaler idealer Flächenvariationskoeffizient bezeichnet werden. Es wäre wenig sinnvoll, für noch kleinere Flächen ($F \to 0$) einen Variationskoeffizienten darstellen zu wollen.

### 3.5 Flächenvariationskurven von Geweben

WEGENER [5] und PEUKER [5] unterscheiden beim Flächenvariationsverhalten der Gewebe die folgenden drei Gewebekonstruktionen:

Konstruktion I: durch das Schußgarn hervorgerufene Flächenvariation bei vernachlässigbar kleiner Ungleichmäßigkeit des Kettgarnes,

Konstruktion II: durch das Kettgarn hervorgerufene Flächenvariation bei vernachlässigbar kleiner Ungleichmäßigkeit des Schußgarnes,

Konstruktion III: sowohl durch das Schuß- als auch durch das Kettgarn hervorgerufene Flächenvariation.

Die tatsächlichen und die idealen Flächenvariationskurven der drei Fälle werden von WEGENER [8] und PEUKER [8] an Hand von Baumwollgarnen, die nach verschiedenen Spinnprozessen hergestellt wurden und ein unterschiedliches tatsächliches Längenvariationsverhalten aufweisen, in einer gesonderten Arbeit behandelt. Es wird gezeigt, daß im Falle der Gewebekonstruktion III durch die Paarung von Kett- und Schußgarnen, denen verschiedene tatsächliche $CB(L,\ell)_t$-Kurven zugrunde liegen, die mannigfaltigsten tatsächlichen $CB(F,f)_{t,t}$-Kurven entstehen können. Diese

Unterschiede des Flächenvariationsverhaltens und des Längenvariationsverhaltens bedingen auch entsprechend unterschiedlich gleichmäßige Warenbilder. Für ein Urteil über die "absolute" Beziehung einer bestimmten Garnungleichmäßigkeit zum Flächenvariationsverhalten und zum Warenbild ist die Gewebe-Konstruktion III wegen ihrer vielen Kombinationsmöglichkeiten nur bedingt brauchbar.

Um möglichst eindeutige Flächenvariationskurven und Warenbilder zu erhalten, bevorzugen WEGENER [5 bis 20] und PEUKER [5 bis 20] den als Gewebe-Konstruktion I beschriebenen Flächenaufbau.

### 3.51 Gewebe-Konstruktion I: Schußgarn mit veränderlicher Ungleichmäßigkeit und Kettgarn mit vernachlässigbar kleiner Ungleichmäßigkeit

Als Kettmaterial wurden 20 den (Nm 450) starke monofile Perlonfäden verwendet, die eine vernachlässigbar kleine Ungleichmäßigkeit aufweisen. In diese Kette (1. Fadensystem) wurden in Taffetbindung die auf ihr Flächenvariationsverhalten zu untersuchenden Garne der metr. Nummer $Nm_{Sch}$ 8 bis $Nm_{Sch}$ 60 als Schußmaterial (2. Fadensystem) ein- oder mehrschützig eingeschossen und so durch Verkreuzen mit der Kette in ihrer Lage fixiert[29].

Garne, deren Fasermaterial ein <u>Stapelschaubild</u> zugrunde liegt, weisen, wie das Raumdiagramm der Abbildung 4 (siehe Abschnitt 2.1011) erkennen läßt, infolge der statistisch zufallsverteilten Superposition einzelner Faserelemente je nach der mittleren Faseranzahl $\bar{n}$ im Garnquerschnitt verschiedene ideale äußere Längenvariationskurven $CB(L,T)_i$ auf. Diese "relative" ideale Ungleichmäßigkeit, das Optimum für die Gleichmäßigkeit, kann nicht unterschritten werden. Ideale <u>monofile</u>[30] Garne hingegen zeigen keine ideale Längenvariation. Für ihren idealen totalen Variationskoeffizienten $CT_i$ gilt:

$$CT_i = CB(0,T)_i = 0. \tag{65a}$$

---

29. Die für den Webprozeß verwendeten Seidenwebstühle waren mit einem Präzisions-Differentialregulator (Klammerkastenregulator) ausgerüstet, der eine außerordentlich genaue Regulierung der Schußfadenanzahl gewährleistet. Bei 30 Zähnen und 31 Klinken ist noch eine genaue Weiterschaltung von $\frac{1}{31 \cdot 30}$, also von 0,001075 Umdrehungen, möglich.
30. Auch die <u>multifilen</u> Garne haben demnach kein ideales Längenvariationsverhalten aufzuweisen, sie sind ebenfalls im Idealzustand "absolut" gleichmäßig.

Ein monofiles ideales Perlon-Kettgarn ist also "absolut" gleichmäßig, es weist keine Streuung der Materialdichte (Masse) auf. Im Fall der Gewebe-Konstruktion I gilt:

$$CB(L_{Ke}, T)_i = 0 \ . \tag{65b}$$

Hierdurch fällt der 2. Summand der Gleichung (62) fort. Für das ideale Flächenvariationsverhalten gilt dann:

$$CB^2(F,T)_{i,i} = \frac{CB^2(L_{Sch}, T)_i}{\sqrt{F}} \cdot \xi \ . \tag{66}$$

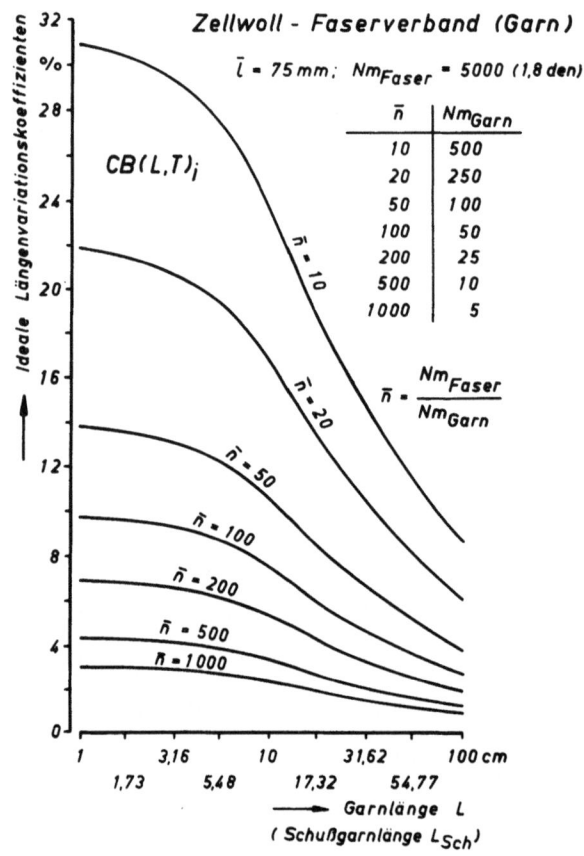

A b b i l d u n g  15

Ideale Längenvariationskurven CB $(L,T)_i$ von Zellwollgarnen.
$\bar{l}$ = mittlere Faserschnittlänge, $\bar{n}$ = mittlere Faseranzahl im Garnquerschnitt

Die Abbildung 15 zeigt die idealen $CB(L,T)_i$-Kurven von Zellwoll-Garnen verschiedener Nummern $Nm_{Garn}$ bzw. unterschiedlicher mittlerer Faseranzahl $\bar{n}$ im Garnquerschnitt. Für die mit diesen idealen Garnen $CB(L_{Sch}, T)_i$

ideal hergestellten Gewebe wurde für eine Schußfadenzahl $z_{Sch}$ = 12 $\frac{Fäden}{cm}$ bei $e_{Sch} = e_{Ke} = 1$ und $Nm_{Ke} = 450$ ein Raummodell von idealen Flächenvariationskurven $CB(F,T)_{i,i}$ entwickelt (Abb. 16).

Sofern einer Gewebe-Schnittfläche F die entsprechende Garnlänge $L_{Sch}$ zuzuordnen ist, hat man die Beziehung $L_{Sch} = e_{Sch} \cdot \sqrt{F}$ zu beachten. Will man, wie das beispielsweise in der Abbildung 14 (siehe Abschnitt 2.132) der Fall war, $CB(L,T)_i$ und $CB(F,T)_{i,i}$ sowie $CB(L,\ell)_t$ und $CB(F,f)_{t,t}$ zu Vergleichszwecken gemeinsam grafisch darstellen, so muß man $CB(L_{Sch},T)_i$ bzw. $CB(L_{Sch},\ell)_t$ und $CB(F,T)_{i,i}$ bzw. $CB(F,f)_{t,t}$ an derjenigen Stelle abtragen, wo der Wert $L_{Sch}$ des Garnes dem Wert $F = \left(\frac{L_{Sch}}{e_{Sch}}\right)^2$ des Gewebes entspricht.

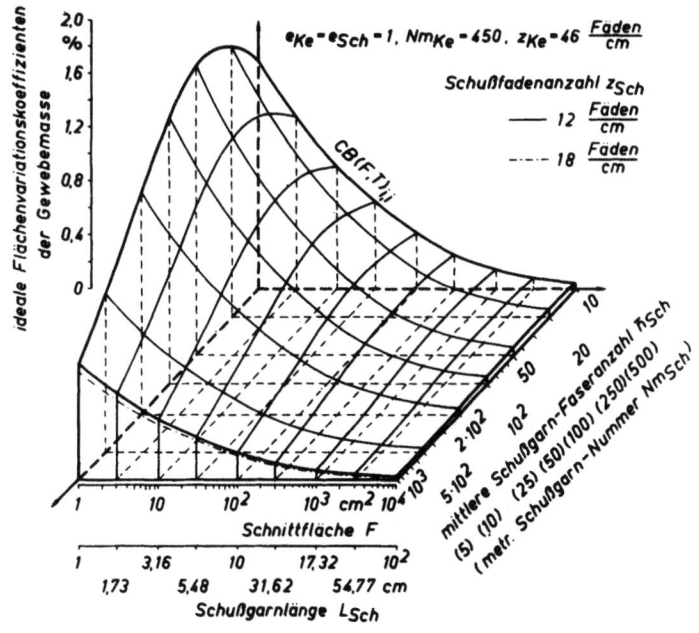

A b b i l d u n g   16

Ideale Flächenvariationskurven $CB(F,T)_{i,i}$

A b b i l d u n g   17

Gewebeaufbaukoeffizienten

Ergänzend zu der Abbildung 16, vermittelt die Abbildung 17 einen Überblick über den Verlauf des Gewebeaufbaukoeffizienten $\xi$ in Abhängigkeit von verschiedenen metr. Schußgarnnummern $Nm_{Sch}$ sowie unterschiedlicher Schußfadenzahl $z_{Sch}$.

### 3.52 Gewebe-Konstruktion II: Schußgarn mit vernachlässigbar kleiner Ungleichmäßigkeit und Kettgarn mit veränderlicher Ungleichmäßigkeit

Diese Paarung hat kaum eine praktische Bedeutung. Für jedes zu prüfende Gewebe muß stets ein neues Kettfadensystem vorbereitet werden. Das aber ist mit einem sehr großen Aufwand verbunden. Einige Beispiele behandeln WEGENER [8] und PEUKER [8] in einer gesonderten Arbeit. In diesem Fall gilt mit $CB(L_{Sch},T)_i = 0$:

$$CB^2(F,T)_{i,i} = \frac{CB^2(L_{Ke},T)_i}{\sqrt{F}} \cdot \eta \quad . \tag{67}$$

### 3.53 Gewebe-Konstruktion III: Schuß- und Kettgarn mit veränderlicher Ungleichmäßigkeit

Der Fall, daß bei einem Gewebe sowohl das Kettgarn als auch das Schußgarn eine variable Ungleichmäßigkeit aufweisen, entspricht den in der Praxis normalerweise vorliegenden Gewebekonstruktionen. Einige Beispiele behandeln WEGENER [8] und PEUKER [8] in einer gesonderten Arbeit. Die ideale Flächenvariation $CB(F,T)_{i,i}$ wird hierbei nach den Gleichungen (60) bis (62) berechnet. Für eine "absolute" Beurteilung von Garnen mit unterschiedlichem Ungleichmäßigkeitsverhalten bevorzugen WEGENER und PEUKER jedoch die unter 3.51 erläuterte Gewebe-Konstruktion I.

### 3.6 Flächenvariationskurven von Gewirken

Unter der Voraussetzung, daß in dem verwendeten Einfadensystem die metr. Nummer $Nm_{Ke}$ des Kettgarnes in der für Zweifadensysteme (Gewebe) aufgestellten Gleichung (60) gegen unendlich strebt und die Kettfadenanzahl $z_{Ke}$ des Kettmaterials Null ist, erhält man für Gewirke:

$$CB^2(F,T)_{i,i} = \frac{CB^2(L_{Ma},T)_i}{\sqrt{F} \cdot z_{Ma}} \quad , \tag{68a}$$

wobei $z_{Ma}$ die Anzahl der auf einen Zentimeter entfallenden Maschenreihen bedeutet. Die in einer Maschenreihe verarbeitete Garnlänge $L_{Ma}$ beträgt:

$$L_{Ma} = e_{Ma} \cdot \sqrt{F} \, , \tag{68b}$$

wobei $e_{Ma}$ die auf eine Maschenreihe bezogene Einarbeitung ist und durch Auflösen einer bestimmten Gewirke-Fläche ermittelt werden kann. In einer gesonderten Arbeit bestimmen WEGENER [9] und PEUKER [9] die $CB(F,f)_{t,t}$- und $CB(F,T)_{i,i}$-Kurven sowohl von Geweben als auch von Gewirken, die aus auf dem Selfaktor und aus auf der Ringspinnmaschine gesponnenen Garnen gefertigt wurden.

### 3.7 Apparative Bestimmung der Flächenvariation

Für das Merkmal "Materialdichte (Gewebemasse)" verwenden WEGENER und PEUKER bei der das Flächengebilde zerstörenden Methode des <u>Schneidens und Wiegens</u> folgende quadratische Schablonen und nachstehende Stichprobenumfänge:

| $L_e$ [cm]   | 1   | 2   | 3   | 5   | 8   | 17          | 38        | 80        |
|--------------|-----|-----|-----|-----|-----|-------------|-----------|-----------|
| F [cm$^2$]   | 1   | 4   | 9   | 25  | 64  | 289         | 1444      | 6400      |
| N            | 300 | 250 | 250 | 200 | 200 | 128-192     | 32-48     | 8-12      |

Die Gewebeprüffläche beträgt im Mittel bei 1 m Gewebebreite und 10 m Gewebelänge $f = 10^5$ cm$^2$. Dieses Verfahren ist genau. Es erfordert jedoch einen sehr großen Aufwand an Zeit und Personal.

Die Schnittflächen F können auch von Hand oder maschinell <u>ausgestanzt</u> werden. Oft besteht dann jedoch die Gefahr, daß die Geweberänder von dem Stanzmesser mit in die Unterlage eingezogen werden und entsprechend ungenaue Werte für F und $L_e$ bedingen. Bei sehr dünnen Perlon-Kettfäden war die Ausstanzmethode nicht anwendbar.

Die <u>kapazitive</u> Bestimmung der Materialdichte (Gewebemasse) ist bislang nur für kleine Gewebeflächen brauchbar (vgl. SCHIEFER [69], CREAN [69] und KRASNY [69] sowie ANON [78]).

Eine zerstörungsfreie Flächengewichtsbestimmung ist auch mit Hilfe von <u>radioaktiven Isotopen</u> mittels der Rückstrahl- oder Durchstrahlungsmethode, die bislang bei der Dicken-Kontrolle von Papierbahnen, Folien, Blechen und beschichteten Geweben angewandt wurde, möglich (CROMPTON [144] sowie HART [191] und KARSTENS [191]). Der meßbare Ionisationsstrom ist der Materialdichte und somit dem Flächengewicht proportional. Bislang wurden jedoch nur relativ kleine Flächen erfaßt. Die genauen Gewichte größerer Flächen könnten

a) indirekt über die Summation entsprechend kleiner Flächen,
b) direkt durch entsprechend große Breitstrahler

gewonnen werden.

Für die Ermittlung des Merkmals "Gewebe-Lichtdurchlässigkeit" benutzt BARELLA [112] in Anlehnung an seine Messungen des Garn-Ungleichmäßigkeitsmerkmals "optischer Durchmesser" ein _fotometrisches_ Verfahren. Es gelingt jedoch nicht, größere Flächen als $F = 1,5 \times 1,5$ cm$^2$ gleichmäßig auszuleuchten. Für farbige Gewebe und für Gewebe, die eine haarige oder verfilzte Oberfläche haben, ist diese Methode jedoch nicht brauchbar. Die gewonnenen Flächenvariationskoeffizienten sind nicht nur von der Ungleichmäßigkeit der Materialdichte (Masse) und von der Ungleichmäßigkeit der Durchmesser, sondern vor allem von der Ungleichmäßigkeit der Drehung der im Flächengebilde verarbeiteten Garne abhängig. Die Variationskoeffizienten des Merkmals "Gewebe-Lichtdurchlässigkeit" sind also nicht eindeutig definierbar.

### 3.8 Verarbeitungsgüte der Flächenherstellung und der gesamten Fertigung

Entsprechend den Gütekennwerten $K(L)$ des Längenvariationsverhaltens (Abschnitt 2.14) bestehen auch Gütekennwerte für das Flächenvariationsverhalten (WEGENER [35] und HOTH [35]). Es gilt:

$$K(L,F)_t = \frac{CB(F,f)_{t,t}}{CB(F,T)_{i,i}} \quad . \tag{69}$$

Dieser Gütewert $K(L,F)_t$ enthält sowohl die Güte des Flächenherstellungsverfahrens $K(F)_t$ als auch die des Spinnprozesses $K(L)_t$, d.h.

$$K(L,F)_t = K(L)_t \cdot K(F)_t \quad . \tag{70}$$

$K(L,F)_t$ liefert als Gütekennzahl der _gesamten_ Fertigung (Spinn- _und_ Webprozeß) eine Aussage darüber, wieweit sich sowohl die $CB(L,\ell)_t$- als auch die $CB(F,f)_{t,t}$-Kurven den idealen $CB(L,T)_i$- bzw. $CB(F,T)_{i,i}$-Kurven genähert haben.

Für die Gütekennzahl des Flächenherstellverfahrens, beispielsweise des Webens, gilt:

$$K(F)_t = \frac{K(L,F)_t}{K(L)_t} \quad . \tag{71}$$

Die idealen Gütekennwerte $K(L)_i = K(L,F)_i = K(F)_i = 1$ können praktisch nie erreicht werden. Sie dienen nur als Maßstab für die Beurteilung der bestmöglichen Annäherung der tatsächlichen Verfahren an die Idealprozesse.

## 4. Warenbild

### 4.1 Allgemeine Gesichtspunkte

Die subjektive Beurteilung des Aussehens eines textilen Flächengebildes durch das Auge darf als das älteste und meistbenutzte textile Prüfverfahren angesehen werden. Praktisch benutzen diese Beschau, wenn auch meist unbewußt, sowohl der Textilfachmann als auch der Kunde im Einzelhandel. Die Flächenbeschau[31] ist eine Prüfmethode, bei der gewisse meßtechnisch schwer erfaßbare Faktoren, wie beispielsweise das Empfindungsvermögen für Harmonie, für Regelmäßigkeiten, für Farbnuancen[32] und für Beleuchtungseffekte eine übergeordnete Stellung haben. Demzufolge kann die subjektive Beurteilung des Warenbildes auch nicht nur annähernd durch objektive Meß- und Registriermethoden ersetzt werden.

Zuweilen glaubt man, mit der Prüfung der lichttechnischen Eigenschaften, nämlich Lichtrückwerfung (Reflexion) und Lichtdurchlässigkeit (Transmission), das Gleichmäßigkeitsverhalten eines Warenbildes bzw. sein Aussehen meßtechnisch vollständig erfassen zu können. Wäre ein textiles Flächengebilde eine einheitliche, homogene einfarbige Fläche, so bestünde durchaus die Möglichkeit, beispielsweise mittels des Reflexionsverhaltens des Lichtes unter Anwendung verschiedener Einfalls- und Beobachtungsrichtungen die auftretenden und meßbaren Lichtstreuungsverhältnisse als ein äquivalentes Maß für die Güte des Aussehens zu verwerten. Ein Gewebe zeigt aber infolge der Bindung Unterschiede in der Flächenstruktur. Diese Oberflächenbeschaffenheit der Gewebe bedingt ein unterschiedliches optisches Verhalten, d.h. die Reflexions- und ebenso die Transmissionseigenschaften hängen nicht mehr allein von dem Einfalls- und von dem Ausfallswinkel des Lichtes und von der Beobachtungsrichtung, sondern auch von der Stellung der Gewebestruktur zu diesen Winkeln ab.

---

31. Siehe hierzu TAYLOR [214].
32. Siehe hierzu WARBURTON [216] und LUND [216].

Weitere Einflüsse sind durch die Unterschiede im Material, in der Drehung, in der Drehungsrichtung, in der Dicke und in der Färbung der Kett- und der Schußgarne gegeben. Durch die Abhängigkeit der lichttechnischen Eigenschaften von der genannten strukturellen Gewebebeschaffenheit entsteht eine reiche Kombinationsmöglichkeit, die vom Weber bzw. vom Dessinateur oft dazu benutzt wird, ein bestimmtes, modisch bedingtes Warenbild zu erzeugen. Will man also die Lichteigenschaften zur Messung des Aussehens der Ware benutzen, so dürfte man, wie RICHTER [198] ausführt, nicht die Flächen F des Gewebes, sondern nur einzelne, sehr kleine Flächenelemente prüfen. Die Flächenelemente müßten dabei so klein sein, daß sie durch das Auflösevermögen des Auges nicht mehr als Einzelflächen erkannt werden können. Eine vollkommene Lichtstreuung tritt dabei nur dann auf, wenn die einzelnen Fasern regellos orientiert sind, so daß bei der Reflexion oder bei der Transmission des Lichtes von den Flächenelementen keine optische Richtung bevorzugt wird. Es entsteht dann, wie das beispielsweise bei Watte, Filzen und Flocken der Fall ist, der Eindruck eines "matten" Aussehens. Im Garn und im Gewebe hingegen werden diejenigen Richtungen, die parallel zur Garnachse bzw. zu den flottierenden Fäden der Bindung verlaufen, optisch bevorzugt in Erscheinung treten. Ein jedes Flächenelement reflektiert dann einen Teil des zurückgeworfenen Lichtes "gerichtet", d.h. unter einem bestimmten Winkel. Dieses optische Verhalten wird als "Glanz" empfunden.

Das menschliche Auge als Empfangsorgan bewertet die Strahlung verschiedener Wellenlängen verschieden. Es besitzt zwei spezifische spektrale Empfindlichkeitskurven, nämlich die des helladaptierten Auges (Tageswertkurve) und des dunkeladaptierten Auges (Nachtwertkurve). Für textile Meßmethoden dürfte nur die Tageswertkurve von Bedeutung sein. Das Auge bewertet also selektiv. Verwendet man als Empfangsorgan aber lichtelektrische Zellen und Fotoelemente, deren Meßergebnisse mit den visuellen Eindrücken übereinstimmen sollen, so muß die spektrale Empfindlichkeit derartiger Empfänger mit der des Auges (Tageswertkurve) übereinstimmen. Die Erfüllung dieser Forderung ist selbst bei der Verwendung entsprechender Farbfilter recht schwierig. Diese wichtige Forderung wird bei den wenigen durchgeführten Versuchen, das Warenbild durch Messen der lichtelektrischen Eigenschaften objektiv zu beurteilen, viel zu wenig oder überhaupt nicht beachtet. Auch enthalten diese Arbeiten nicht immer exakte Angaben über die verwendeten "Lichtarten", die ebenfalls die spektrale Empfindlichkeit der Meßorgane beeinflussen.

## 4.2 Rangkorrelation

Für das unterschiedlich gleichmäßige Aussehen der Warenbilder ist, falls keine apparativen Meßergebnisse vorliegen, eine zahlenmäßige quantitative Aussage zunächst nicht möglich. Die Warenbilder müssen dann gemäß der visuellen Beurteilung qualitativ in eine Rangfolge eingestuft werden. Der Rangkorrelationskoeffizient drückt die Strammheit (Wechselbeziehung) zweier Rangfolgen numerisch aus (SPEARMANscher Rangkorrelationskoeffizient $\varrho$ [46]). Vielfach wird hierfür auch der KENDALLsche Rangkorrelationskoeffizient $\tau$ benutzt [67]. Ebenso wie der Maßkorrelationskoeffizient (Abschnitt 2.2) können $\varrho$ und $\tau$ alle Werte zwischen -1 und +1 annehmen. Es besteht jedoch nach GRAF [91, 99] und HENNING [91, 99] keine volle Übereinstimmung der Zahlenwerte der beiden Koeffizienten.

Werden die Warenbilder von mehreren Gutachtern in Rangfolgen eingestuft, so ist der Grad der Übereinstimmung verschieden. Für die Beurteilung solcher Rangfolgen wird der KENDALLsche Übereinstimmungskoeffizient W bestimmt, wobei eine schlechte Übereinstimmung durch kleine und eine gute Übereinstimmung durch große Werte für W charakterisiert ist. W kann dabei Werte von 0 bis 1 annehmen (KENDALL [67]).

## 4.3 Garnungleichmäßigkeit und Warenbild

Im Jahre 1949 wies TOWNSEND [70] auf die zwischen den tatsächlichen Längenvariationskurven und dem Warenbild bestehenden Beziehungen hin. Die untersuchten drei farbigen Kammgarne wiesen <u>sehr</u> große Unterschiede im $CB(L, \ell)_t$-Verhalten auf, so daß ein auffallend unterschiedliches Warenbild von vornherein zu erwarten war. Zwei Garnen mußte auf Grund der unzulänglichen Warenbilder jeglicher Verkaufswert abgesprochen werden (das eine Garn war auf der Glockenspinnmaschine mit einem zu hohen Verzug ausgesponnen worden, das andere Garn stammte von einem abgekürzten Spinnprozeß, bei dem nicht dubliert worden war).

Die ersten Versuche, die Ungleichmäßigkeit des Warenbildes durch objektive Meßmethoden quantitativ zu analysieren, stammen von BENKÖ [85] und MONFORT [85], die folgende Methoden vorschlugen:

a) fotometrische Messung des an einer Gewebeoberfläche reflektierten Lichtes (Remission),

b) Fotografieren der Gewebeoberfläche und eine elektronische Analyse der Negative.

Diese Untersuchungen gelten nur für das Warenbild. Sie enthalten keine Angaben über die wichtigen Beziehungen zum Ungleichmäßigkeitsverhalten der verwebten Garne.

Die unter a) genannte Methode ist schon länger bekannt. Sie dient in Sonderfällen dazu, mit Hilfe des Reflexions- oder Transmissionsvermögens des Lichtes die Merkmale "Helligkeit", "Weiße", "Glanz", "Lichtdurchlässigkeit" und "Lichtdichtigkeit" textiler Flächengebilde zu bestimmen.

Anläßlich der Diskussion über den Bericht von BENKÖ-MONFORT beim "Congrès de la A.I.G." in Gent (1951) schlug DUNSKI vor, das Warenbild mittels des Merkmals der "Gewebe-Lichtdurchlässigkeit (Transmission)" unter Verwendung vergrößerter Foto-Negative zu charakterisieren.

In einer beachtenswerten Arbeit untersucht LUND [105] für vier Nummernbereiche das Ungleichmäßigkeitsverhalten von Zellwoll (Viskose)-Garnen. Für jede Nummer wurden die Garne nach grundsätzlich verschiedenen Spinn-Systemen gefertigt. Bei jedem System (Prozeß) mußten jedoch, den jeweiligen Verzugsverhältnissen entsprechend, andere Zellwoll-Faserfeinheiten und -Faserschnittlängen verwendet werden:

| Spinnerei-Systeme | $Ne_B$ 8 (Nm 13,52) | $Ne_B$ 20 (Nm 33,80) | $Ne_B$ 32 (Nm 54,08) | $Ne_B$ 60 (Nm 101,40) |
|---|---|---|---|---|
| Baumwollspinnerei | 1,5 den $1\frac{7}{16}"$ (36,5 mm) | 3,0 den $2\frac{1}{2}"$ (63,5 mm) | 1,5 den $1\frac{7}{16}"$ (36,5 mm) | 1,25 den[*)] $1\frac{7}{8}"$ (47,6 mm) |
| Flachsspinnerei | 4,5 den 6" (152,4 mm) | 3,0 den 4" (101,6 mm) | - - | - - |
| Kammgarnspinnerei | 4,5 den 6 " (152,4 mm) | 3,0 den 4" (101,6 mm) | 3,0 den 4" (101,6 mm) | - - |
| Baumwollabfallspinnerei | 1,5 den $1\frac{7}{16}"$ (36,5 mm) | - - | - - | - - |
| Streichgarnspinnerei | $1\frac{7}{16}"$ (36,5 mm) | - - | - - | - - |
| Schappespinnerei (kontinental) | | - - | 1,5 den Schappe | 1,5 den Schappe |

*) gekämmt

Für vier Zellwollgarn-Schnittlängen L = 1" (2,54 cm), 6" (15,24 cm), 54" (137,16 cm) und 4320" (10972,8 cm) wurden die äußeren Längenvariationskoeffizienten ermittelt und miteinander verglichen. Hierbei wurde jedoch nicht berücksichtigt, daß den Garnen infolge der unterschiedlichen Faserfeinheiten und -schnittlängen unterschiedliche ideale $CB(L,T)_i$-

Werte zugrunde liegen. Die Garne wurden als Schußgarn mit einer Kette aus endlos gesponnenen Zellwollfäden verarbeitet. Beurteilt und dargestellt wurden jedoch nur mittelflächige Warenbilder.

Anläßlich einer Versammlung der F.L.I. in London (1952) stellte BARELLA [112] die im Abschnitt 3.3 bereits erwähnte Lichtdurchlässigkeits-Prüfapparatur vor. In einer spanisch-französischen Gemeinschaftsarbeit vergleichen BARELLA [125], GARCIA-PLANAS [125] und PERICH [125] sowie MAILLARD [125], ROEHRICH [125] und AMOUROUX [125] die Ergebnisse einer solchen Lichtdurchlässigkeitsprüfung mit denen der visuellen Beurteilung. Sie stellen fest, daß bei drei Garnen, die in etwa die gleichen Variationskoeffizienten des Merkmals "Materialdichte (Garnmasse)" zeigen, jedoch eine stark unterschiedliche mittlere Drehung haben, mit steigendem Drehungsgrad günstigere Variationskoeffizienten des Merkmals "optischer Durchmesser" sowie des Merkmals "Reißkraft" auftreten. Das Aussehen der aus diesen Garnen gefertigten Waren erscheint mit steigendem Drehungskoeffizienten gleichmäßiger. Der Variationskoeffizient des Merkmals "Gewebe-Lichtdurchlässigkeit" wird ebenfalls kleiner, d.h. günstiger. In dieser Arbeit werden jedoch nur die in etwa angenäherten totalen Variationskoeffizienten behandelt.

VAN OVERBEKE [126], MAZINGUE [126] und DILLIES [126] bestimmen bei 55 Kammgarnpartien für den metr. Garn-Nummernbereich Nm 26 bis Nm 60 und für den Solldrehungsbereich 380 $\frac{T}{m}$ bis 580 $\frac{T}{m}$ die Variationskoeffizienten CB( 5 cm; 250 cm)[33] des Merkmals "Drehung". Die Häufigkeitsverteilung der 55 Variationskoeffizienten erstreckt sich über einen Verteilungsbereich von 14 % bis 34 %. Es wird festgestellt, daß diejenigen Gewebe, deren Garndrehungs-Variationskoeffizient 24 % überschreitet, ein zu ungleichmäßiges Warenbild aufweisen. Bei 30 Zwirnen des metrischen Nummernbereiches Nm 28/2 bis Nm 56/2 wurde eine Variationskoeffizienten-Häufigkeitsverteilung zwischen 8 % und 24 % mit einem Maximum bei 14 % bis 18 % gefunden. Mit Rücksicht auf ein gleichmäßigeres Warenbild sollte bei Zwirnen CB (5 cm; 250 cm) $\approx$ 16 % nicht überschritten werden. Die auf eine Einspannlänge von 50 cm bezogenen 55 Variationskoeffizienten des Garn-Merkmals "Reißkraft" weisen zwischen 14 % und 16 % ein Maximum auf. Die Reißkraft-Variationskoeffizienten der Zwirne zeigen eine Häufigkeitsverteilung zwischen 6 % und 15 % mit einem Maximum bei 8 % bis 10 %. Für die Reißkraft-Variationskoeffizienten wird jedoch keine Beziehung zum Warenbild angegeben.

---
33. Diese in der vorliegenden Arbeit bevorzugte Schreibweise wurde von den genannten Autoren noch nicht benutzt.

BÖHME [100] benutzt die auf eine Einspannlänge von 50 cm bezogene und nach SOMMER[34) ] berechnete Ungleichmäßigkeit $U_{P_{max}}$ des Merkmals "Reißkraft", um allgemein auf das Ungleichmäßigkeitsverhalten des Garnes zu schließen. Es wird festgestellt, daß bei der Herstellung empfindlicher Gewebe - mit Rücksicht auf ein möglichst gleichmäßiges Warenbild - Garne mit einer Reißkraft-Ungleichmäßigkeit $U_{P_{max}} \leq 12\%$ verwendet werden sollten (Schußgarn aus Zellwoll-Crepon, Kettgarn aus glänzender Kunstseide, Taffetbindung). Bei Gabardine-Geweben aus Zellwoll-Kammgarnen wies das Warenbild bei einer Reißkraft-Ungleichmäßigkeit des Garnes von ca. 10 % keine Streifenbildung auf. Zwischen $U_{P_{max}} = 12\%$ bis 14 % zeigte sich bereits eine Tendenz zur Streifigkeit des Warenbildes, bei $U_{P_{max}} \geq 14\%$ verminderte die stark in Erscheinung tretende Streifigkeit bereits den Verkaufswert.

Bei der British Rayon Research Association benutzten BUTLER [127] und COWHIG [127] einen Schreiber (Mufax-Recorder), der es gestatten soll, in Verbindung mit jedem elektronischen Gleichmäßigkeitsprüfgerät unter Zwischenschaltung eines Verstärkers das voraussichtliche Warenbild eines Schußgarnes zu registrieren. Diese Methode eignet sich vorzüglich für den Nachweis von Perioden im Garn. Das aufgezeichnete Schußgarn-Flächenbild erlaubt dann eine wertvolle Vorschau auf die im Warenbild zu erwartenden unerwünschten Ungleichmäßigkeits-Muster (Rauten, Moiré-Effekte). Feinere Ungleichmäßigkeitsunterschiede im Aussehen des Warenbildes eines Schußgarnes dürften jedoch mit dieser Methode kaum registrierbar sein.

Das z.Zt. genaueste Verfahren für die Sichtbarmachung auch relativ kleiner und kleinster Unterschiede im Warenbild bedient sich der von WEGENER [5 bis 20] und PEUKER [5 bis 20] bereits im Abschnitt 3.51 (Gewebe-Konstruktion I) beschriebenen und mittels eines Beleuchtungskastens fotografierten Gewebekonstruktion (siehe Abb. 22 bis 27, Abschnitt 5).

Einige Hinweise auf das Warenbild geben BARELLA [145], PUJOL [145] und CEGARRA [145].

---

34. Nach der SOMMERschen Gleichung ist
$$U = \frac{2 \cdot Z \cdot (\text{Mittel} - \text{Untermittel})}{N \cdot \text{Mittel}} \cdot 100 \, [\%],$$

wobei Z die Anzahl der Untermittelwerte bedeutet. Für eine ideale GAUSSsche Normalverteilung gilt:
$$CB : U = \sqrt{\pi : 2} \approx 1,253.$$

1955 verwiesen WEGENER [22] und ZAHN [22] und WEGENER [37] mittels einer fiktiven Darstellung einiger unterschiedlicher $CB(L,\ell)_t$-Kurven auf die voraussichtlich zu erwartenden Warenbild-Unterschiede. Bei Garnen, die im Bereich langer Längen dasselbe, im Bereich kurzer Längen jedoch ein unterschiedliches $CB(L,\ell)_t$-Verhalten zeigen, sind bestimmte Warenbild-Unterschiede zu erwarten. Dabei kann ein Mehr an kurzen Schwankungen die evtl. durch lange Schwankungen verursachte unliebsame Bandenbildung im Aussehen mildern. Hieraus resultiert die Notwendigkeit, daß für eine Vorschau auf das zu erwartende Warenbild mindestens

a) das $CB(L,\ell)_t$-Verhalten kurzer Garnlängen oder ersatzweise der angenäherte totale tatsächliche Variationskoeffizient $CT_t$,

b) die augenblicklichen Steigungen der $CB(L,\ell)_t$-Kurve im Bereich mittlerer Garnlängen,

c) das $CB(L,\ell)_t$-Verhalten langer Garnlängen

bestimmt werden muß. Die alleinige Angabe des näherungsweise bestimmten totalen Variationskoeffizienten, wie er beispielsweise durch den vielzitierten Uster-CV-Wert dargestellt wird, reicht, wie WEGENER [1, 2] und PEUKER [1, 2] darlegen, für eine Warenbild-Vorschau nicht aus. Sie kann sogar zu Fehlschlüssen führen.

MAILLARD [172], ROHERICH [172] und AMOUROUX [172] ermitteln zwischen den Spektrogrammen und dem Urteil von vier Gutachtern bei 12 Gewirken an Hand einer SPEARMANschen Rangkorrelationsanalyse eine sehr gute Korrelation von r = 0,933.

MAGALHAES [177], HARRISON [177] und ONIONS [177] beschreiben ein elektronisches Gerät, mit dem sie die Veränderungen des an der Oberfläche von Kammgarngeweben reflektierten Lichtes fotometrisch messen und mit dem Warenbild vergleichen. Die Haarigkeit der Gewebeoberfläche beeinflußt hierbei wesentlich die Remissions-Variationskoeffizienten.

WEGENER [5] und PEUKER [5] beweisen Anfang 1958 erstmalig an Hand zweier unterschiedlicher Baumwollgarne den engen Zusammenhang, der zwischen dem Warenbild und

a) der Längenvariationskurve des Garnes,
b) dem Garn-Spektrogramm,
c) der Flächenvariationskurve des Gewebes,
d) der Reißkraft und der Reißdehnung des Garnes

besteht. Diese Untersuchung wurde inzwischen durch zahlreiche Arbeiten ergänzt und erweitert [6 bis 20]. Wie bereits erwähnt, wurde hierbei für das Warenbild vornehmlich die Gewebekonstruktion "Schußgarn mit veränderlicher Ungleichmäßigkeit und Kettgarn mit vernachlässigbar kleiner Ungleichmäßigkeit" untersucht. Die verwendete sehr dünne mattierte Perlon-Kette, die mit dem Schußgarn in Taffetbindung verwebt ist, läßt bei entsprechend geringer Kettfadenzahl jede kleinste Ungleichmäßigkeit des zu untersuchenden Schußgarnes hervortreten. Dadurch ist auch eine sehr gute visuelle Beurteilung möglich. Garne, deren Ungleichmäßigkeitsverhalten hierbei nicht auffällt, werden, zu allen möglichen Waren verarbeitet, im Aussehen stets befriedigen. Will man die Garne im einzelnen auch auf ihre unterschiedliche Haarigkeit und Voluminösität untersuchen, so empfiehlt es sich, auf die bewährte Methode der Garntafelbeschau (Kontrasttafel, Garnspiegel, Seriplan) zurückzugreifen. Erwähnenswert sind hier die mit Hilfe des Copyfil-Gerätes[35] hergestellten Kontakt-Fotokopien konischer Garntafeln. Durch diese Methode wird das Garnaussehen, wie WEGENER [13] und PEUKER [13] bei trocken- und naßgesponnenen Werggarnen zeigen, sehr gut reproduziert. Diese Kopien und somit das Garnaussehen können für Vergleichszwecke aufbewahrt werden (Seriplan-Archiv).

Das Warenbild der Gewebekonstruktion "Schußgarn mit veränderlicher Ungleichmäßigkeit und Kettgarn mit vernachlässigbar kleiner Ungleichmäßigkeit" kann als eine Weiterentwicklung der Garntafelbeschau angesehen werden und soll die Bezeichnung "fixierter Seriplan" erhalten.

## 4.4 Schnittigkeit, Streifigkeit und Banden

Das Warenbild, die Flächenvariations- und die Längenvariationskurve stehen zueinander in enger Beziehung. Gemäß der im Abschnitt 3.51 besprochenen Zuordnung von Längen zu entsprechenden Flächen charakterisieren die Variationskoeffizienten bestimmter Garn-Längenbereiche das Aussehen bestimmter Flächenbereiche.

a) Die Längenvariationskoeffizienten des Bereiches kurzer Garnlängen beeinflussen vornehmlich (primär) das kleinflächige Warenbild. Sie sind verantwortlich für den Grad des Auftretens sogenannter Schnittigkeiten im Warenbild.

---

35. Fa. C.O.G.E.S.T. in Destelbergen/Belgien

b) Die Längenvariationskoeffizienten des Bereiches mittlerer Garnlängen, der durch einen starken Abfall der Längenvariationskurve gekennzeichnet ist, beeinflussen vornehmlich (primär) das mittelflächige Warenbild. Sie sind verantwortlich für den Grad des Auftretens sogenannter Streifigkeiten im Warenbild.

c) Die Längenvariationskoeffizienten des Bereiches langer Garnlängen (Nummernbereich) beeinflussen das großflächige Warenbild. Sie sind verantwortlich für den Grad des Auftretens breiter Streifen (sogenannter Banden) im Warenbild.

Je nachdem, ob Schnittigkeiten und Streifigkeiten das eine oder das andere Fadensystem stärker beeinflussen, überwiegen im Warenbild die Schußschnittigkeiten und -streifigkeiten oder die Kettschnittigkeiten und -streifigkeiten. Die unter a) und b) genannten Effekte beeinflussen sekundär - falls sie entsprechend stark in Erscheinung treten - auch das großflächige Warenbild, sie können die visuelle Wirkung der Bandigkeit sowohl mildern als auch verstärken.

Wenn im Gewebe zufällig Gruppen von starken oder schwachen Kett- bzw. Schußgarnen nebeneinander zu liegen kommen, so erscheint das Aussehen des Warenbildes wolkig. Die Bildung stärkerer Garngruppen an einer Gewebestelle verursacht zwangsläufig auch eine Gruppierung schwächerer Garnstellen an einer - meist benachbarten - anderen Stelle.

Bei gewissen Gewebekonstruktionen treten die Ungleichmäßigkeiten besonders in Erscheinung. Als empfindlich gelten:

a) Gewebe, bei denen das ungleichmäßige Garn auf der rechten Warenseite lang flottiert,

b) Gewebe mit gut erkennbaren Bindungen,

c) Gewebe mit kurzen Flottierungen der Fäden (Taffet, einige Köperbindungen),

d) alle sehr hell gefärbten Gewebe.

Ein schnittiges und streifiges Warenbild kann unter Umständen durch eine andere Bindung vermieden werden. Für den Fall, daß eine andere Bindung verwendet werden darf, schlägt BÖHME [100] einige unempfindliche Überbrückungs-Bindungen vor.

Für die Verbesserung eines ungleichmäßigen Warenbildes, das zu Streifigkeiten neigt, kommen folgende färbereitechnische Maßnahmen in Frage:

a) eine sorgfältige Farbstoffauswahl, d.h. die Verwendung solcher Farbtöne und Farbstoffe, die die Streifen nicht in Erscheinung treten lassen,

b) eine sorgfältige Anpassung der Färbedauer und der Färbetemperatur an das Warenbild,

c) die Anwendung von Egalisierungsmitteln,

d) eine alkalische Vorbehandlung.

Diese Möglichkeiten sind jedoch nicht überall gegeben.

Gegen die gefürchtete Bandigkeit des Warenbildes sind jedoch sowohl der Färber als auch der Appreteur oft machtlos. Nach dem Färben der Ware treten Banden fast immer besonders deutlich in Erscheinung.

Den Warenbild-Abbildungen dieser Arbeit (siehe Abb. 22 bis 27, Abschnitt 5) liegen nur rohweiße Garne zugrunde. Der dunkle Grundton stammt von einer schwarzen Filztuch-Kontrastplatte. Je nachdem, ob an einer Stelle des Warenbildes eine große oder eine kleine Materialdichte (Masse) angetroffen wird, erscheint dort das Warenbild in der Draufsicht heller oder dunkler.

## 5. Vergleichende Untersuchungen des Ungleichmäßigkeitsverhaltens von Garnen und ihren Flächengebilden

Um bessere Wirtschaftlichkeiten zu erreichen, ist jede Spinnerei bestrebt,

a) ihren Fertigungsprozeß unter Weglassung einzelner Passagen soweit wie nur möglich zu verkürzen,

b) ihre Spinnverfahren unter Einführung neuer, die Ungleichmäßigkeit der Faserlängsverbände steuernder oder regelnder Aggregate zu verbessern,

c) andere, ein besseres Ungleichmäßigkeitsverhalten und bessere Laufeigenschaften versprechende Faserlängen und Faserfeinheiten zu verwenden,

d) teure Mischungskomponenten durch billigere zu ersetzen,

e) bessere Laufeigenschaften und günstigere Ungleichmäßigkeiten schaffende Präparationen (Avivagen und Schmälzen) zu verwenden,

f) neue, durch die Praxis und durch die Wissenschaft gefundene Erkenntnisse zu verwerten.

Wie WEGENER [8] und PEUKER [8] darlegen, können bessere Produktivitäten hinsichtlich der dann erzielten Garn- und Gewebeungleichmäßigkeiten nicht immer als echte Erfolge verbucht werden. Deshalb ist es notwendig, die oben erwähnten Maßnahmen der Spinnereibetriebe eingehend auf die Beeinflussung des Ungleichmäßigkeitsverhaltens der Garne sowie der daraus hergestellten textilen Flächengebilde zu untersuchen. Um auch den für das Warenbild so wesentlichen Einfluß der Querstreuung hinreichend zu erfassen, müssen bei solchen "Großversuchen" genügend viele Arbeitsstellen und Aufmachungseinheiten berücksichtigt werden. Ein solches Vorgehen ist meist mit einem unliebsamen, aber notwendigen Aufwand verbunden. Die Bedeutung der Art der Probenahme sollte hierbei keinesfalls unterschätzt werden. Gerade bei den weitgehend als inhomogen zu bezeichnenden textilen Faserlängsverbänden ist es nicht einfach, mittels Stichproben ein wirklich repräsentatives Muster zu erhalten (siehe Abschnitt 2.131).

In dem folgenden Abschnitt werden die Prüfergebnisse der im Rahmen eines derartigen Großversuches gewonnenen Garne und Gewebe dargestellt. Untersucht wird:

a) der Spinnplan,
b) die Faserbeschaffenheit (Faserlängenhäufigkeit, Faserfeinheit),
c) die idealen und die tatsächlichen äußeren Längenvariationskurven $CB(L,T)_i$ und $CB(L,\ell)_t$,
d) das Perioden- und Verzugswellen-Verhalten der Garne (Spektrogramme),
e) die idealen und die tatsächlichen äußeren Flächenvariationskurven $CB(F,T)_{i,i}$ und $CB(F,f)_{t,t}$,
f) die idealen und die tatsächlichen Verarbeitungsgüte-Kurven der Garne $K(L)_i$ und $K(L)_t$, der Gewebe $K(F)_i$ und $K(F)_t$ sowie der gesamten Fertigung $K(L,F)_i$ und $K(L,F)_t$,
g) die Warenbilder der Gewebe (Gewebe-Konstruktion I),
h) die mittlere Reißkraft $P_{max}$ und die mittlere Bruchdehnung $\varepsilon_B$ der Garne.

Die tatsächlichen Flächenvariationskurven $CB(F,f)_{t,t}$ und die Warenbilder stehen, wie noch gezeigt werden soll, in einem direkten Zusammenhang mit den tatsächlichen Längenvariationskurven $CB(L,\ell)_t$. Die

Auswertung dieser Kurven führt zur Aufdeckung des Einflusses bestimmter Flächen- bzw. Garnlängenbereiche. Unter Berücksichtigung der angewendeten Verzüge kann einem bestimmten Garnlängenbereich der Einflußbereich einer bestimmten Spinnprozeßpassage zugeordnet werden. Hierdurch ist es möglich, sowohl vom Garn aus vorausschauend den Warenausfall vorherzubestimmen als auch von der Ware oder vom Garn her den Einfluß einzelner Spinnprozeßpassagen zu beurteilen. Auf die Untersuchung des Längenvariationsverhaltens der Halbfabrikate Lunte, Faserband und Wickel konnte hier verzichtet werden. Maßgebend für den Warenausfall ist - von Fertigungs-"Fehlern" des Spul-, Schär- und Webprozesses abgesehen - einzig und allein das Garn bzw. dessen Ungleichmäßigkeit. Durch die zusätzliche Berücksichtigung der Spektrogramme wird vermieden, daß gewisse im Warenbild in Erscheinung tretende Schwankungen anstatt irgendwelchen defekten oder falsch eingestellten Maschinenorganen irrtümlicherweise der Güte des zu untersuchenden Spinnverfahrens oder der zu beurteilenden Mischungszusammensetzung zugeschrieben werden.

Sofern Garne bzw. Flächengebilde miteinander verglichen werden, denen unterschiedliche ideale $CB(L,T)_i$- bzw. $CB(F,T)_{i,i}$-Kurven, also unterschiedlich gute Ausgangspositionen zugrunde liegen, ist es erforderlich, auch die tatsächliche Verarbeitungsgüte der Garne, die der Gewebe und die der gesamten Fertigung mit in den Betrachtungskreis einzubeziehen. Liegt den zu vergleichenden Garnen bzw. Flächen jedoch das gleiche ideale Längen- bzw. Flächenvariationsverhalten zugrunde, so kann auf die Erstellung der Verarbeitungsgüte-Charakteristika verzichtet werden, da sie in diesem Falle stets die gleichen Aussagen und Tendenzen wie die Längen- und Flächenvariationskurven aufweisen.

Wie BARELLA [98] zeigen konnte, verringern sich bei gleichbleibenden Variationskoeffizienten des Merkmals "Materialdichte (Masse)" mit zunehmender Drehung die Variationskoeffizienten des fotoelektrisch geprüften Merkmals "optischer Durchmesser" von Kammgarnen. BARELLA [125], GARCIA-PLANAS [125], PERICH [125], MAILLARD [125], ROEHRICH [125] und AMOUROUX [125] stellten weiterhin fest, daß dann die stärker gedrehten Garne mit den besseren Variationskoeffizienten des Merkmals "optischer Durchmesser" entsprechend gleichmäßigere Warenbilder aufweisen. Um in dieser Beziehung die Auswertung der Versuchsergebnisse nicht unnötig zu erschweren, vergleichen WEGENER und PEUKER bei ihren Untersuchungen verschiedener Spinnprozesse und Rohstoffzusammensetzungen nur Garne bzw. Flächengebilde derselben Solldrehung miteinander.

Bei der nachfolgenden vergleichenden Untersuchung der Kurven und der
Säulendiagramme soll von einem unterschiedlichen Verhalten zunächst nur
dann die Rede sein, wenn der Unterschied infolge einer entsprechenden
Abgrenzung der Vertrauensbereiche auch tatsächlich in Erscheinung tritt,
d.h. "statistisch gesichert" ist (WEGENER [43]). In einigen Fällen zeigen Kurven und Säulendiagramme auch dann klar erkennbare Tendenzen, wenn
sich die Mehrzahl der Vertrauensbereiche überschneidet. Das würde im
Einzelfall keinen "statistisch gesicherten" Unterschied bedeuten. Sofern aber in solch einem Falle den einzelnen Meßpunkten Proben zugrunde
liegen, deren Meßwerte voneinander unabhängig, z.B. durch Schneiden und
Wiegen oder Reißen und nicht durch Summation, gewonnen wurden, können
die Vertrauensbereiche der einzelnen Meßpunkte zu einem neuen, kleineren
Vertrauensbereich zusammengefaßt werden. Durch ein solches Vorgehen,
für das FISHER ein entsprechendes statistisches Verfahren angibt, können
schließlich auch derartige Verschiedenheiten als "exakte" Unterschiede
ausgewiesen werden (siehe auch WEGENER [220] und HOTH [220]).

Den Warenbildern lag die Gewebe-Konstruktion I zugrunde. Die Anzahl der
Schußfäden pro cm war relativ gering, so daß selbst kleinere, bei normalen Schußdichten nicht in Erscheinung tretende Ungleichmäßigkeiten
noch sehr gut erkannt werden konnten. Unterschiede im gleichmäßigen
Aussehen traten hierbei so deutlich in Erscheinung, daß sich die Heranziehung einer größeren Anzahl von Gutachtern sowie eine dementsprechende
Rangkorrelations-Analyse erübrigte.

## 5.1 Zellwolle der Wolltype (Kammgarnspinnerei)

Bei der Betrachtung der dreieck- oder trapezähnlichen Stapelschaubilder
naturgeschaffener Fasern, die nicht nur durch eine Abstufung (Staffelung)
der Längen, sondern auch durch einen unterschiedlichen Durchmesser der
Einzelfasern gekennzeichnet sind, erhebt sich sowohl für den Produzenten als auch für den Weiter- und Endverarbeiter kunstgeschaffener Fasern die Frage, ob sich der Mehraufwand an Fertigungs- und Mischungsarbeit lohnt, einen naturgeschaffenen Stapel durch Mischen

a) unterschiedlicher Faserschnittlängen

b) unterschiedlicher Faserdurchmesser

c) von Fasern verschiedener Schnittlängen und unterschiedlicher Titer

mehr oder weniger nachzuahmen. Zu diesem Zweck wurden die folgenden
drei Zellwollfaser-Mischungen (Wolltype):

Versuch 1: 3,7/100
Versuch 2: 3,7/ 80 - 3,7/100 - 3,7/120
Versuch 3: 3 / 80 - 4,5/100 - 6 /120,

die sich voneinander durch verschiedene Stapelschaubilder (Abb. 18) und Fasertiter unterscheiden, mit dem in der Abbildung 19 dargestellten Kammgarnspinnprozeß zu Garnen der Nummer Nm 34 ausgesponnen. Der Völligkeitsgrad - berechnet aus dem Verhältnis der Fläche unter der Stapellinie und dem umschriebenen Rechteck - ist bei dem Rechteck-Sollstapel der Mischung 3,7/100 größer als bei den gestaffelten Faserlängen der beiden Mischungen 3,7/80 - 3,7/100 - 3,7/120 und 3/80 - 4,5/100 - 6/120.

Die Tabelle 2 vermittelt einen Überblick über die Spinndaten und Streckwerkeinstellungen.

Eine Zusammenstellung der wichtigsten Faser- und Garnkennwerte enthält die Tabelle 3. Bemerkenswert ist die Feststellung, daß der nach der 1. Doppelnadelstabnitschelstrecke gemessene Ist-Stapel $\bar{l}_g$ und $\bar{l}_h$ gegenüber dem errechneten mittleren Sollstapel eine beachtliche Kürzung erlitten hat. Der dem natürlichen Wollstapel am meisten ähnelnde Stapel der Mischung 3/80 - 4,5/100 - 6/120 weist die geringste Faserkürzung auf. Das ist eine Bestätigung dafür, daß die vorliegenden Streckwerkkonstruktionen der Kammgarnspinnerei und deren Einstellungsmöglichkeiten ursprünglich nur für naturgeschaffene Fasern entwickelt wurden. Hieraus resultiert die Forderung, die einzelnen Mischungskomponenten auf den Krempeln, Vorstrecken und Kammstühlen möglichst individuell zu verarbeiten. Dann müßte nicht - wie im vorliegenden Fall - in der Flocke, sondern in Bandform gemischt werden. Weiterhin sollte man bei einer Staffelung sowohl der Sollfaserlängen als auch der Fasertiter so vorgehen, daß weder für die einzelnen Komponenten, noch für die Mischung zu kleine Schlankheitsgrade $\vartheta$ bzw. $\bar{\vartheta}$ auftreten. Wie die Tabelle 3 weiterhin zeigt, weisen die einzelnen Mischungskomponenten zwar unterschiedliche Schlankheitsgrade $\vartheta$, die Mischungen aber in etwa den gleichen Mittelwert $\bar{\vartheta}$ auf. Der Schlankheitsgrad $\vartheta$ einer Faser mit kreisrundem Querschnitt ist:

$$\vartheta = \frac{l}{i} \ . \tag{74}$$

Mit dem Trägheitsradius $i = \sqrt{\frac{J}{F}}$ [cm], dem axialen Trägheitsmoment $J = \frac{\pi \cdot d^4}{64}$ [cm$^4$], dem Faserquerschnitt $F = \frac{\pi \cdot d^2}{4}$ [cm$^2$] und dem

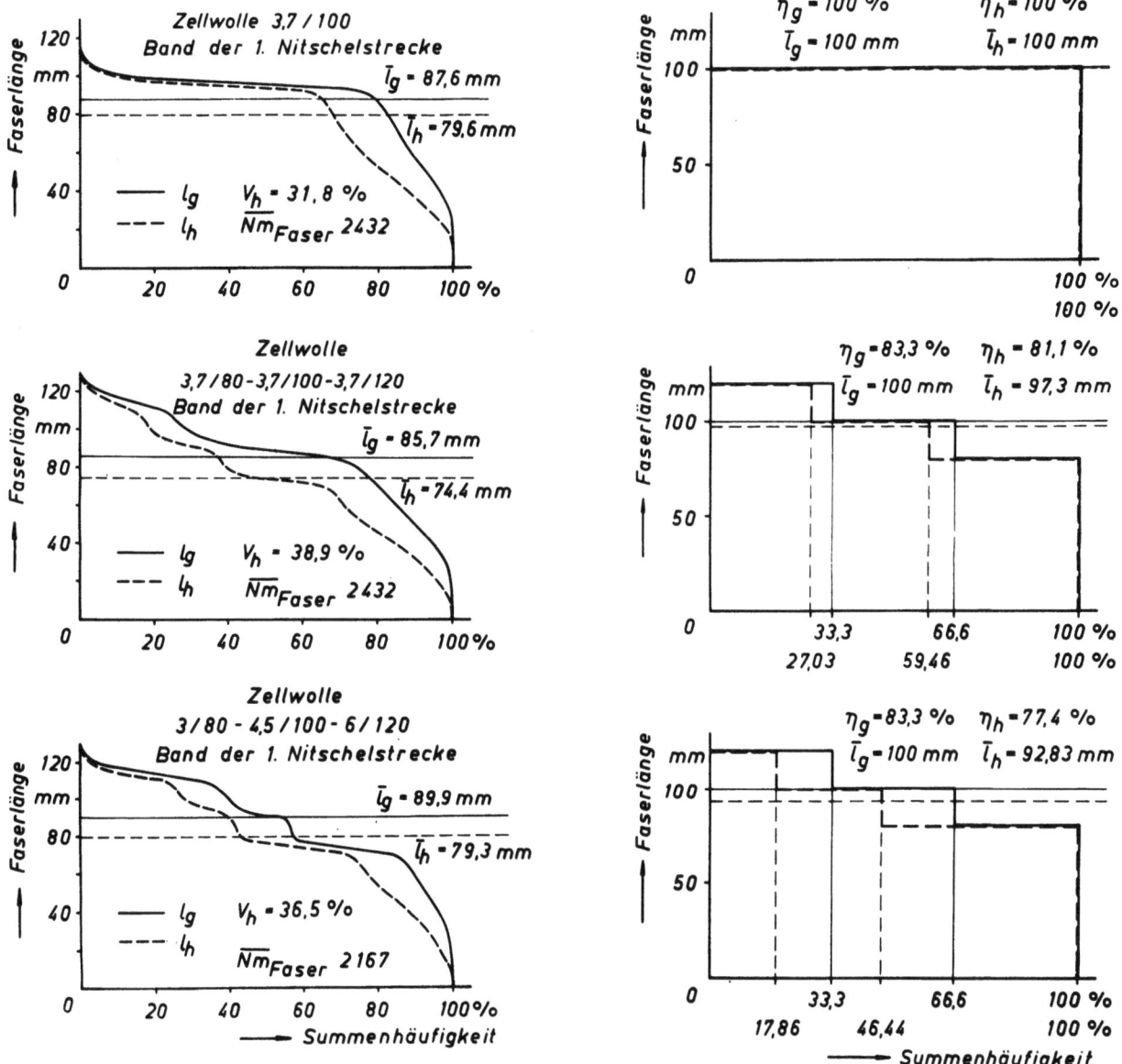

Abbildung 18

Stapelschaubilder des Iststapels von Bändern der 1. Nitschelstrecke (linke Spalte) und des Sollstapels der Fasermischung (rechte Spalte). $\bar{l}_g$ bzw. $\eta_g$ = mittlere Faserlänge bzw. Völligkeitsgrad der Fasergewichtsschaulinie, $\bar{l}_h$ bzw. $\eta_h$ = mittlere Faserlänge bzw. Völligkeitsgrad der Faserhäufigkeitsschaulinie, $V_h$ = Variationskoeffizient

Faserdurchmesser d [cm] erhält man:

$$\vartheta = \frac{4 \cdot l}{d} = 3{,}362 \cdot \sqrt{\gamma} \cdot \frac{100\, l}{\sqrt{Td}} \quad , \tag{75a}$$

wobei $\gamma$ das spezifische Gewicht der Faser in $\frac{g}{cm^3}$ ist. Für Zellwolle (Viskose) gilt dann nach WEGENER [36] und MEISTER [36]:

Seite 89

## Tabelle 2

Spinnplan und Streckwerkeinstellungen für Zellwollgarne Nm 34 mit 435 $\frac{T}{m}$ des Kammgarn-Spinnprozesses (vgl. Abb. 19)

| Spinnprozeß-Passagen | $Nm_E$ | D | $V_{ges}$ | $Nm_A$ | $v_E$ [m/min] | $v_A$ [m/min] | $g_A$ [g] | $G^{4)}$ [kg] | Teilverzüge $v_1$ | Teilverzüge $v_2$ | Verzugsfeldlänge [mm] a | Verzugsfeldlänge [mm] b | Riffelzylinder-Durchmesser [mm] 1 | 2 | 3 | Druckroller-Durchmesser [mm] I | II | III | Nadeln An-zahl | Nr. |
|---|---|---|---|---|---|---|---|---|---|---|---|---|---|---|---|---|---|---|---|---|
| Krempel | 0,0025 | - | 39,6 | 0,10 | 0,56 | 22,0 | 10,0 | 2 | - | - | - | - | - | - | - | - | - | - | - | - |
| 1. Vorstrecke | 0,10 | 8 | 8,0 | 0,10 | 3,7 | 29,6 | 10,0 | 2 | 1,10 | 7,25 | 150 | 200 | 49 | 31 | 37 | 74 | 40 | 37 | 117 | 17 |
| 2. Vorstrecke | 0,10 | 8 | 8,0 | 0,10 | 3,7 | 29,6 | 10,0 | 1 | 1,10 | 7,25 | 150 | 200 | 49 | 31 | 37 | 74 | 40 | 37 | 117 | 17 |
| Kammstuhl[1)] | 0,10 | 18 | 10,8 | 0,06 | 0,22 | 5,4 | 16,66 | 3-4 | - | - | - | - | - | - | - | - | - | - | - | - |
| Topfstrecke | 0,06 | 8 | 8,0 | 0,06 | 3,6 | 28,5 | 16,66 | 1,5 | 1,12 | 7,1 | 155 | 210 | 49 | 49 | 38 | 75 | 49 | 38 | 117 | 17 |
| 1. Doppelnadel-stabstrecke | 0,06 | 6 | 8,0 | 0,08 | 3,8 | 30,0 | 12,5 | 1,0 | 1,15 | 6,9 | 150 | 200 | 49 | 31 | 37 | 74 | 40 | 37 | 117 | 17 |
| 2. Doppelnadel-stabstrecke | 0,08 | 6 | 7,5 | 0,10 | 4,0 | 30,0 | 10,0 | 1,0 | 1,15 | 6,5 | 150 | 200 | 49 | 31 | 37 | 74 | 40 | 37 | 117 | 17 |
| 1. Doppelnadel-[2)] stabnitschelstrecke | 0,10 | 4 | 6,0 | 0,15 | 4,8 | 29,2 | 6,66 | 0,8 | 1,10 | 5,4 | 150 | 200 | 40 | 31 | 50 | 90 | 40 | 72 | 143 | 19 |
| 2. Doppelnadel-[2)] stabnitschelstrecke | 0,15 | 4 | 8,0 | 0,30 | 3,6 | 29,0 | 3,33 | 0,8 | 1,10 | 7,2 | 150 | 200 | 40 | 31 | 50 | 90 | 40 | 72 | 143 | 19 |
| 1. Hechelstrecke[2)] | 0,30 | 3 | 6,0 | 0,60 | 3,4 | 20,5 | 1,66 | 0,45 | 1,03 | 5,8 | 146 | 150 | 40 | 45 | 30 | 55 | 45 | 66 | 72 | 28 |
| 2. Hechelstrecke[2)] | 0,60 | 3 | 6,0 | 1,20 | 3,4 | 20,5 | 0,833 | 0,35 | 1,03 | 5,8 | 146 | 150 | 40 | 45 | 30 | 55 | 45 | 66 | 77 | 22 |
| Ringspinnmaschine | 2,40 | 1 | 14,2 | 34 | 0,865 | 12,8 | 0,029 | 0,09 | 1,03 | 13,8 | 280 unterteilt | | 30 | (30)(18)(35) | 25 | 58 | (26)(16)(20)[3)] | 58 | - | - |

1. 2,6 % Kämmlinge (Kreiskamm-Segment I, IV; Fixkamm 18/25)
2. Strecken mit Band- bzw. Vorgarnteilung
3. Durchzugswalzen
4. wegen der kleinen Versuchspartie vom üblichen Spinnprozeß abweichend

$Nm_E$ bzw. $Nm_A$ = Faserlängsverband-Nummer am Maschinen-Eingang bzw. -Ausgang

D = Dublierung
$V_{ges}$ = Gesamtverzug
$v_A$ bzw. $v_E$ = Materialgeschwindigkeit am Maschinen-Ausgang bzw. -Eingang
$g_A$ = Metergewicht am Maschinen-Ausgang
G = Nettogewicht einer Aufmachungseinheit

## Tabelle 3

### Faser- und Garnkennwerte

| Versuch Nr. | Faserfeinheit der Schnittfasern ||||||| $l_g$ Soll [mm] | $G_K$ [%] | Faserlänge der Schnittfasern |||||| Garn Nm 34 ||
|---|---|---|---|---|---|---|---|---|---|---|---|---|---|---|---|---|---|
| | d [den] | d [μ] | $Nm_F$ [m/g] | $\vartheta$ | $\Delta\vartheta$ [%] | $\bar{d}$ [μ] | $V_d$ [%] | $\bar{\vartheta}$ | $\Delta\bar{\vartheta}$ [%] | | | $\bar{l}_h$ Soll [mm] | $\bar{l}_h$ Ist [mm] | $\Delta\bar{l}_h$ [%] | $\bar{l}_g$ Soll [mm] | $\bar{l}_g$ Ist [mm] | $\Delta\bar{l}_g$ [%] | $\bar{n}$ | $CB(0,T)_i$ bzw. $CT_i$ [%] |
| 1 | 3,7 | 18,4 | 2432 | 21756 | 0 | 18,4 | 10 | 21756 | 0 | 100 | 100 | 100 | 79,6 | 21,4 | 100 | 87,6 | 12,4 | 71,5 | 12,06 |
| 2 | 3,7<br>3,7<br>3,7 | 18,4<br>18,4<br>18,4 | 2432<br>2432<br>2432 | 17405<br>21756<br>26107 | -20<br>0<br>+20 | 18,4 | 10 | 21756 | 13,3 | 80<br>100<br>120 | 33,33<br>33,33<br>33,33 | 97,3 | 74,4 | 23,5 | 100 | 85,7 | 14,3 | 71,5 | 12,06 |
| 3 | 3,0<br>4,5<br>6 | 16,55<br>20,30<br>23,40 | 3000<br>2000<br>1500 | 19334<br>19736<br>20513 | -2,7<br>-0,6<br>+3,3 | 19,3 | 17,8 | 19861 | 2,2 | 80<br>100<br>120 | 33,33<br>33,33<br>33,33 | 92,8 | 79,3 | 14,5 | 100 | 89,9 | 10,1 | 63,7 | 13,30 |

d = Faserdurchmesser  
$Nm_F$ = Fasernummer  
$\vartheta$ = Faserschlankheitsgrad  
$V_d$ = Variationskoeffizient der Faserdurchmesser  
$l_g$ = Fasergewichtsstapel  
$l_h$ = Faserhäufigkeitsstapel  

$\bar{n}$ = mittlere Faseranzahl  
$CB(0,T)_i$ bzw. $CT_i$ = Totaler idealer Variationskoeffizient  
$G_K$ = Gewichtsanteil der Komponenten  
$\Delta\bar{l}_g$ bzw. $\Delta\bar{l}_h$ = Kürzung des mittleren Fasergewichts- bzw. Faserhäufigkeitsstapels  
$\Delta\bar{\vartheta}$ = Abweichung der Schlankheitsgrade

$$\vartheta = \frac{420 \cdot \ell}{\sqrt{Td}} \quad . \tag{75b}$$

Je dicker die Faser ist, desto kleiner wird also $\vartheta$ und damit die Faserschmiegsamkeit. Durch die Bildung des Verhältnisses

$$\Delta\vartheta = \frac{\vartheta - \bar{\vartheta}}{\bar{\vartheta}} \cdot 100 \quad [\%] \tag{76}$$

erhält man $\Delta\vartheta$ als ein Maß für die Abweichung der Schlankheitsgrade innerhalb der Mischung.

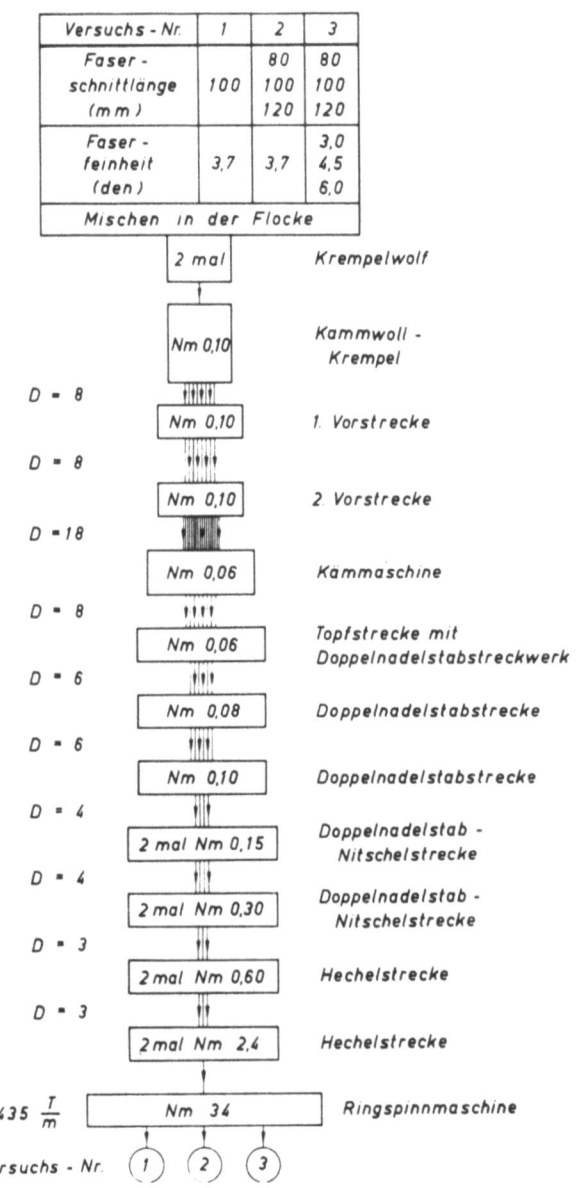

A b b i l d u n g   19

Spinnplan des Kammgarnspinnprozesses bei der Verarbeitung von Zellwolle (Wolltype)

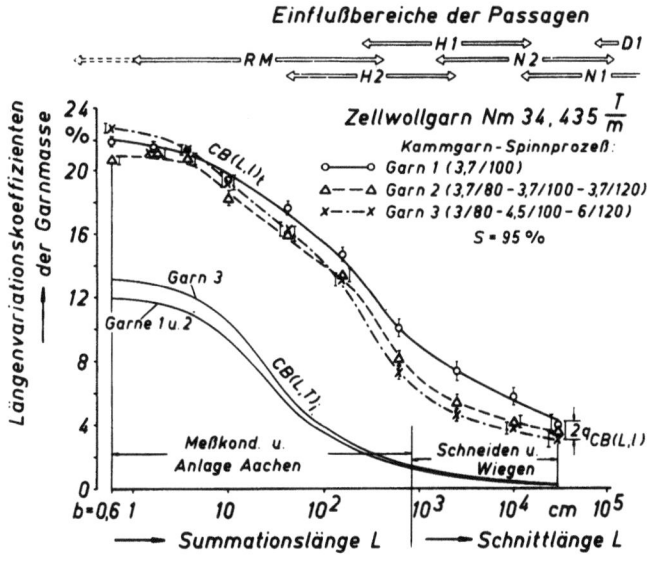

Abbildung 20

Längenvariationskurven des Merkmals "Garnmasse"

Das Längenvariationsverhalten der drei Zellwollgarne 1, 2 und 3 zeigt die Abbildung 20. Hieraus und an Hand der in der Tabelle 3 ausgewiesenen idealen totalen Variationskoeffizienten $CB(0,T)_i$ und der mittleren Faseranzahl im Garnquerschnitt $\bar{n}$ ist ersichtlich, daß das Garn 3 der Mischung 3/80 - 4,5/100 - 6/120 gegenüber den Garnen 1 (3,7/100) und 2 (3,7/80 - 3,7/100 - 3,7/120) infolge der höheren $CB(L,T)_i$-Kurve eine mischungsbedingte, ungünstigere Ausgangsposition besitzt.

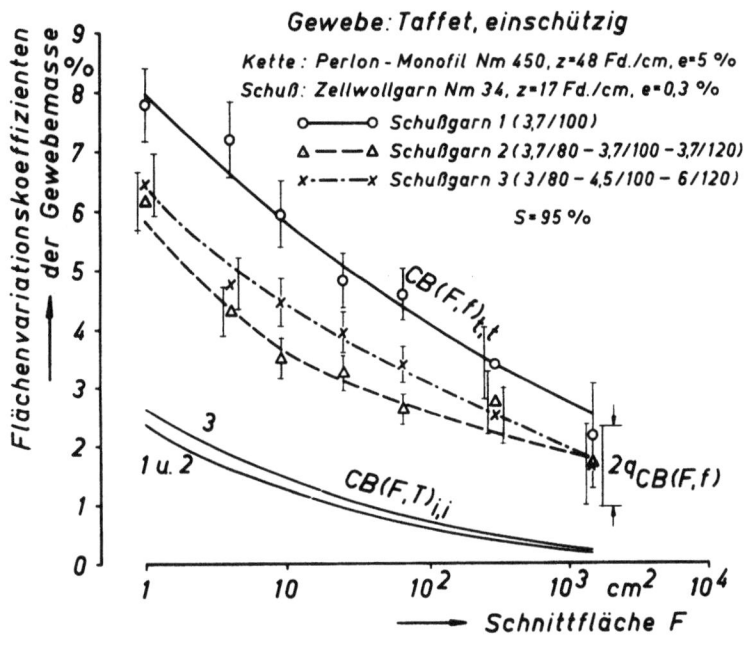

Abbildung 21

Flächenvariationskurven des Merkmals "Gewebemasse"

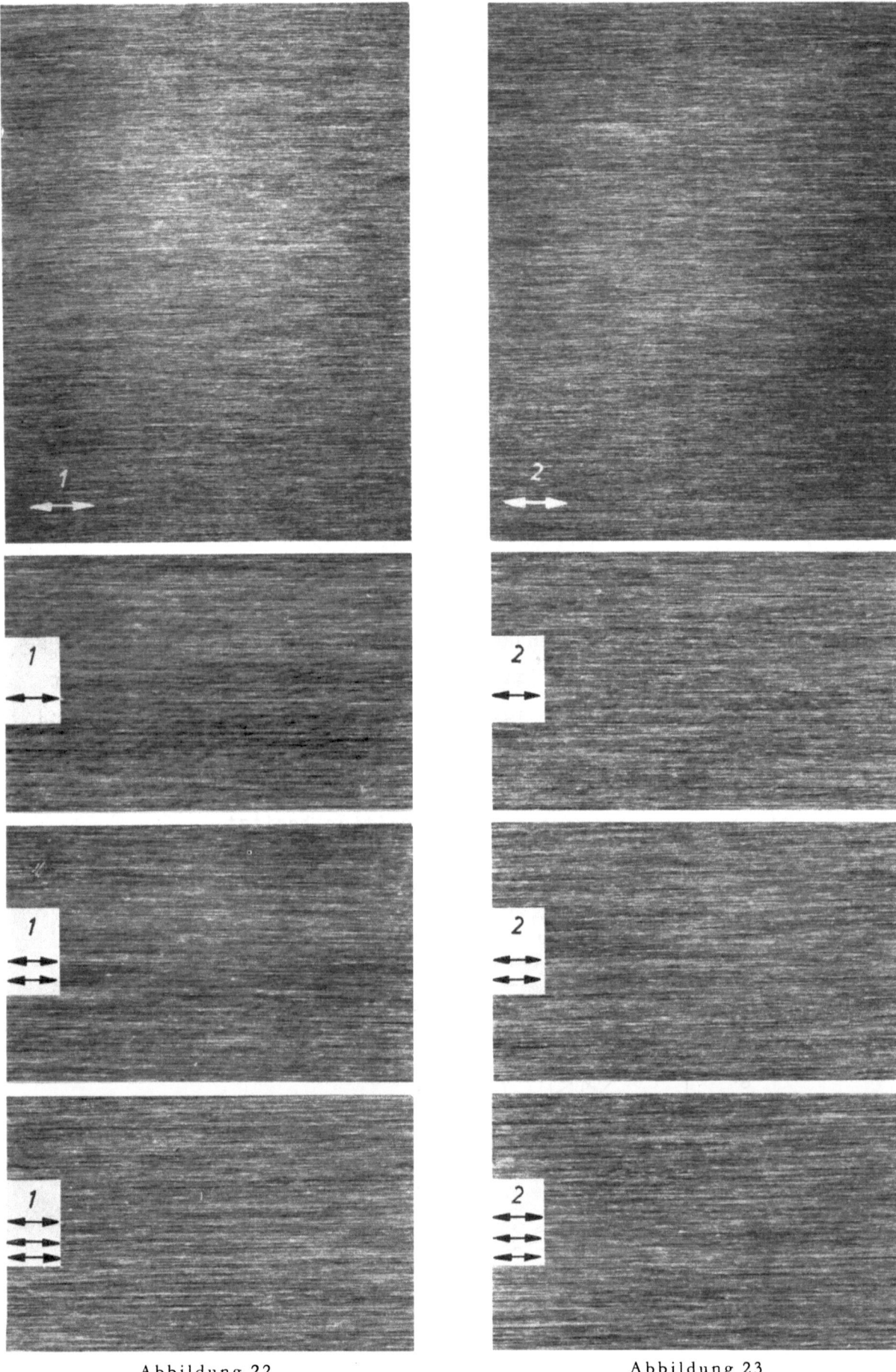

Abbildung 22
Warenbilder des Zellwoll (Viskose) - Schußgarnes Nm 34 (Versuch Nr. 1, Mischung 3,7/100, d. h. konstanter Titer und konstante Schnittlänge der Fasern), $z_{Sch} = 17$ Fäden/cm

Abbildung 23
Warenbilder des Zellwoll (Viskose) - Schußgarnes Nm 34 (Versuch Nr. 2, Mischung 3,7/80-3,7/100-3,7/120 d. h. konstanter Titer und gestaffelte Schnittlänge der Fasern), $z_{Sch} = 17$ Fäden/cm

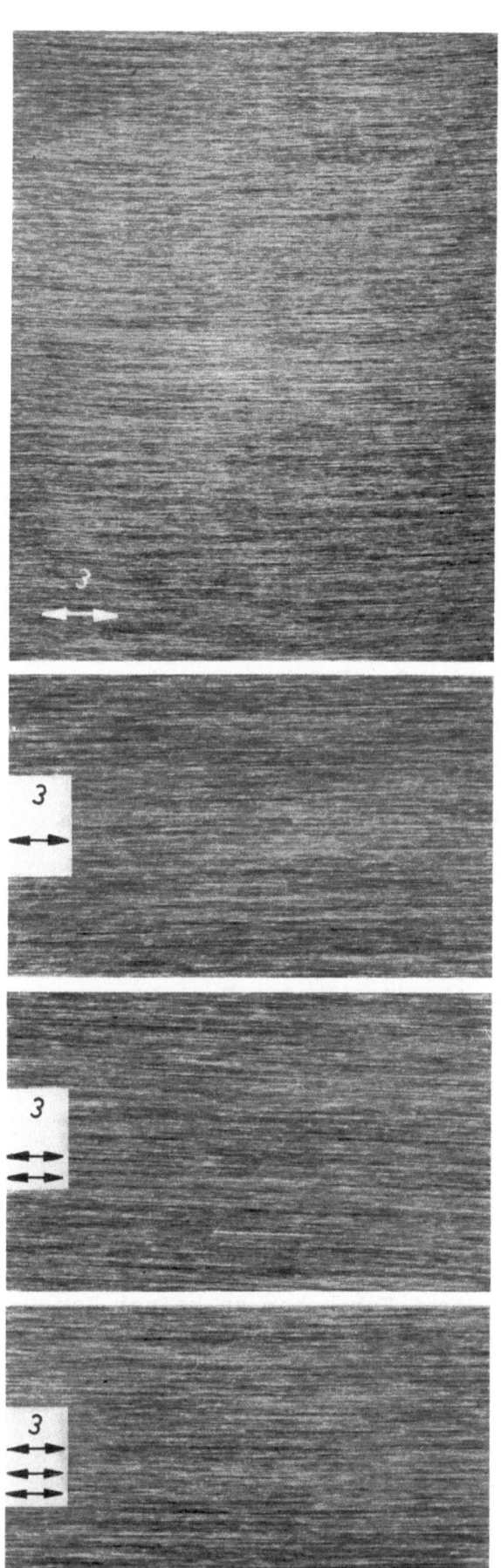

**Abbildung 24**
Warenbilder des Zellwoll (Viskose) - Schußgarnes Nm 34 (Versuch Nr. 3, Mischung 3/80-4,5/100-6/120, d. h. gestaffelter Titer und gestaffelte Schnittlänge der Fasern), $z_{Sch} = 17$ Fäden/cm

**Abbildung 25**
Wie Abbildung 22 (Versuch Nr. 1, Mischung 3,7/100), jedoch mit $z_{Sch} = 10,5$ Fäden/cm

**Abbildung 26**
Wie Abbildung 23 (Versuch Nr. 2, Mischung 3,7/80-3,7/100-3,7/120), jedoch mit $z_{Sch} = 10,5$ Fäden/cm

**Abbildung 27**
Wie Abbildung 24 (Versuch Nr. 3, Mischung 3/80-4,5/100-6/120), jedoch mit $z_{Sch} = 10,5$ Fäden/cm

Originalgröße:
der mittelfl. Warenbilder 25 cm × 15 cm
der großfl. Warenbilder 88 cm × 110 cm

Webart:
⟵⟶ einschützig
⇔⇔ zweischützig
⇔⇔⇔ dreischützig

Bindung:
Leinwandbindung
(Taffet)

$L\frac{1}{1}$

Ein Vergleich der beiden Garne 1 und 2, denen eine gemeinsame $CB(L,T)_i$-Kurve zugrunde liegt, zeigt, daß in allen Längenbereichen zugunsten des Garnes 2 (gleicher Fasertiter, gestaffelte Faserlängen) unterschiedliche Variationskoeffizienten auftreten.

Dieser Unterschied ist auch bei den Flächenvariationskurven $CB(F,f)_{t,t}$ vorhanden (Abb. 21). Beim Vergleich der Warenbilder der Abbildungen 22 und 23 tritt das gleichmäßigere Gewebeaussehen des Schußgarnes 2 bei einer Schußfadenanzahl von 17 $\frac{\text{Fäden}}{\text{cm}}$ klar in Erscheinung; das Warenbild des Schußgarnes 2 wirkt ruhiger und geschlossener als das des Schußgarnes 1. Gemäß dem relativ kleinen Unterschied der entsprechenden $CB(L,\ell)_t$-Kurven im Bereich kurzer Längen ist der Unterschied bei den kleinen Warenbildflächen weniger gut erkennbar als bei den großen. Die Neigung des mit dem Schußgarn 1 gewebten Warenbildes zur Bandenbildung ist schwach erkennbar und infolge der höheren $CB(L,\ell)_t$- bzw. $CB(F,f)_{t,t}$-Koeffizienten im Bereich langer Längen bzw. großer Flächen auch begründet.

Bei einer Schußfadenanzahl von nur 10,5 $\frac{\text{Fäden}}{\text{cm}}$ ist das bessere Warenbild des Garnes 2 noch gut erkennbar (Abbildungen 25 und 26).

Eine Betrachtung des $CB(L,\ell)_t$-Verhaltens des Garnes 3 (gestaffelte Fasertiter, gestaffelte Faserlängen) führt zu der Erkenntnis, daß durch eine derartige Mischungszusammensetzung im Bereich kurzer Garnlängen die ungünstigsten und im Bereich langer Längen die günstigsten Variationskoeffizienten auftreten. Eine gleichwertige Rangordnung konnte auch bei den von WEGENER [36] und MEISTER [36] untersuchten Perlon- und Cupramagarnen festgestellt werden. Die $CB(F,f)_{t,t}$-Kurve des Garnes 3 liegt unterhalb der des Garnes 1 und etwas oberhalb der des Garnes 2. Diese Aussagen werden durch die Warenbilder der Abbildungen 24 und 27 bestätigt.

Eine mehrschützige Webart führte bei allen drei Versuchen zu keiner Verringerung der Warenbildunterschiede.

Dem Garn 3 liegen sowohl eine ungünstigere _ideale_ Längen- als auch Flächenvariationskurve zugrunde. Dieser Umstand macht es erforderlich, die von der Faseranzahl im Garnquerschnitt weitgehend unabhängigen Verarbeitungsgüte-Kennzahlen mit in den Betrachtungskreis einzubeziehen.

Was die $K(L)_t$-Kurven der Abbildung 28 betrifft, so schneidet das Garn 3 am besten und das Garn 1 am schlechtesten ab; das Garn 2 nimmt in der Rangfolge eine Zwischenstellung ein.

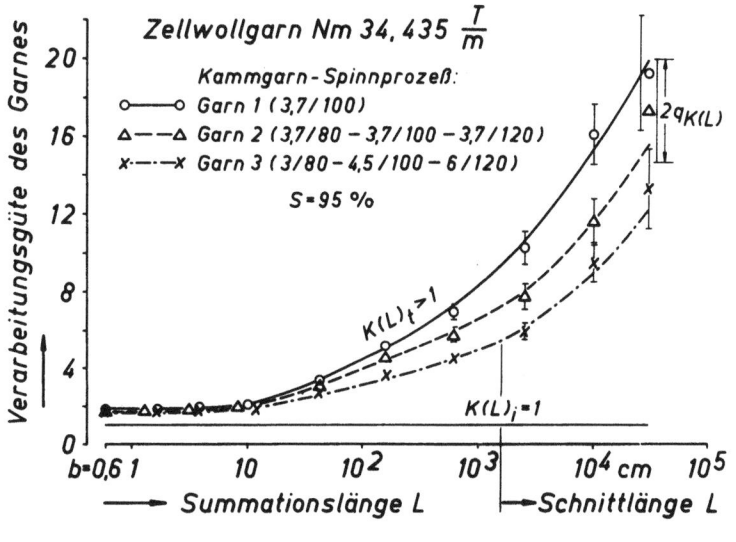

Abbildung 28
Verarbeitungsgütekurven des Garnes

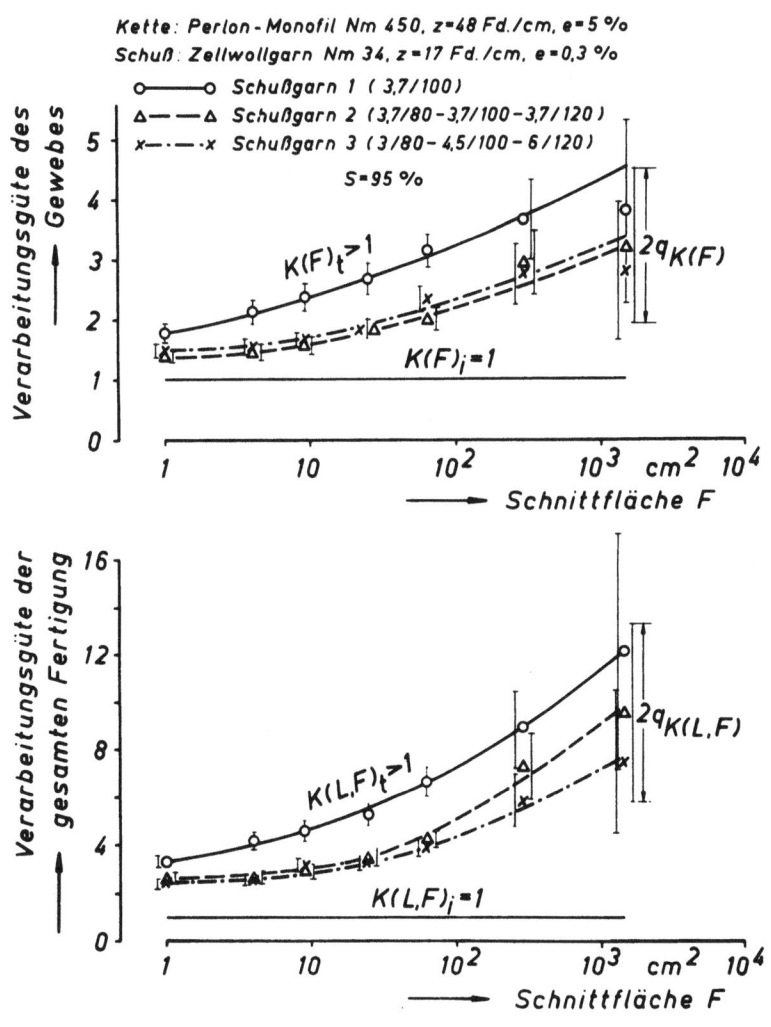

Abbildung 29
Verarbeitungsgütekurven des Gewebes und der gesamten Fertigung

Bei der tatsächlichen Verarbeitungsgüte des Gewebes $K(F)_t$ der Abbildung 29 weisen die aus den Schußgarnen 2 und 3 hergestellten Gewebe keinen Unterschied mehr auf.

Dasselbe gilt für das $K(L,F)_t$-Verhalten dieser beiden Gewebe, wobei das aus dem Schußgarn 2 gefertigte Gewebe lediglich im Bereich großer Flächen etwas ungünstigere Gütewerte aufweist. Das Gewebe des Schußgarnes 1 hingegen zeigt sowohl die ungünstigsten $K(F)_t$- als auch die schlechtesten $K(L,F)_t$-Gütekennzahlen.

Die Verarbeitungsgütekennzahlen führen besonders bei dem Garn 3, dem das schlechteste ideale Längen- und Flächenvariationsverhalten zugrunde liegt, zu anderen, hier günstigeren Aussagen. Diese Kennzahlen charakterisieren vornehmlich das "relative" Ungleichmäßigkeitsverhalten, d.h. man kann damit den Grad der Annäherung an den "idealen" Spinn- oder Webprozeß beurteilen. Das Aussehen des Warenbildes hängt aber in erster Linie von der "absoluten" Höhe der $CB(L,\ell)_t$- und $CB(F,f)_{t,t}$-Koeffizienten ab. Hieraus folgt, daß ein Garn und das aus ihm gefertigte Gewebe auf Grund ihrer absoluten $CB(L,\ell)_t$- und $CB(F,f)_{t,t}$-Koeffizienten ein unbefriedigendes Warenbild aufweisen können, obwohl die die Faserbeschaffenheit berücksichtigenden Verarbeitungsgüte-Kennzahlen günstiger liegen. Letztere liefern nur eine Aussage darüber, wie weit eine durch die Faserbeschaffenheit vorgegebene "ideale" Ausgangsposition spinntechnisch verändert wurde.

Die für die drei Versuche repräsentativen Garnspektrogramme enthält die Abbildung 30. Bei allen drei Versuchen erscheint bei $\lambda = 63$ cm eine schwächere Periode, die auf einen streng periodischen Fehlverzug hinweist. Die Ursache hierfür blieb jedoch unauffindbar. Die für eine möglichst geringe Beeinflussung des Warenbildes günstigsten Musterverhältnis-Zahlen wären in diesem Falle M = 2,5 oder 3,5. Bei einer vorgegebenen Warenbreite von 100 cm am Riet ergibt sich aber M = 3,18, d.h. die 63-cm-Perioden stören sichtbar die Warenbilder aller drei Versuche, was besonders deutlich aus den Abbildungen 22 bis 24 ersichtlich ist. Alle Garne zeigen im Wellenlängenbereich $\lambda = 1,5$ m bis 9 m eine auffallende quasi-periodische Störung (Verzugswelle). Sowohl die Periode als auch die Verzugswelle bewirken hier eine entsprechende Ausbuchtung der $CB(L,\ell)_t$-Kurven. Letztere zeigen im Längenbereich von L = 0,5 m bis 9 m je eine nach oben konvex gekrümmte Form, die den störenden Einflüssen periodischen Charakters zuzuschreiben ist. Alle Warenbilder, besonders aber die großflächigen, weisen eine auffallende Streifigkeit auf, die bei den drei Versuchen unterschiedlich stark ausgeprägt ist. Streifigkeiten sind auf das Längenvariationsverhalten im Bereich mittlerer Garnlängen zurückzuführen. Das Warenbild des aus dem Schußgarn 3 gefertigten Gewebes zeigt die ausgeprägtesten Streifigkeiten (Abb. 24). Dieses Garn weist aber im Bereich mittlerer Garnlängen auch die ausgeprägteste Ausbuchtung der $CB(L,\ell)_t$-Kurve auf.

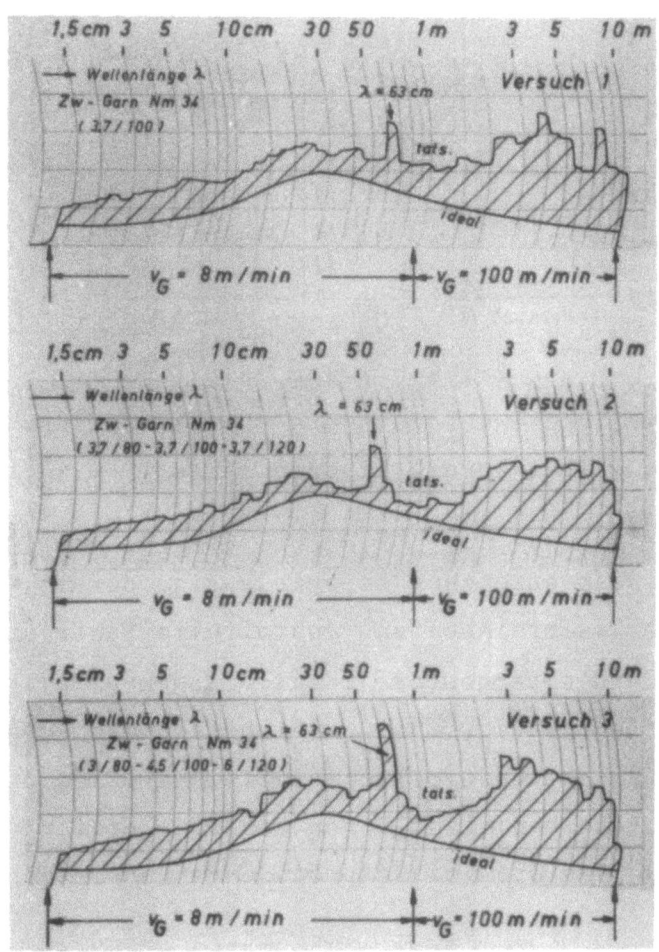

Abbildung 30
Garn-Spektrogramme

Bei dem in der Abbildung 31 dargestellten Ungleichmäßigkeitsverhalten des Merkmals "Reißkraft" besitzt das Garn 3 der Mischung 3/80 - 4,5/100 - 6/120 eine statistisch gesicherte schlechtere mittlere Reißkraft $\overline{P}_{max}$. Der dazugehörige Variationskoeffizient $CB(L_o,\ell)$ fällt etwas ungünstiger aus. Dieses Garn besitzt aber auch eine statistisch gesicherte bessere mittlere Bruchdehnung, wobei ebenfalls ein höherer Variationskoeffizient in Erscheinung tritt.

Selbstverständlich kann man auch unter einer anderen Vereinbarung als der des gleichen mittleren Schlankheitsgrades $\overline{\vartheta}$ Mischungen von Materialien

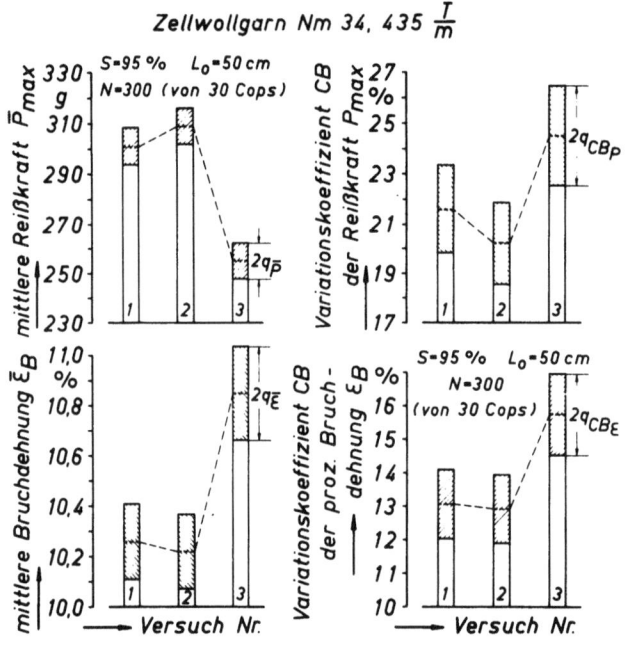

Abbildung 31

Ungleichmäßigkeit der Merkmale "Reißkraft" und
"Bruchdehnung" bei konst. Einspannlänge $L_o$ = 50 cm

gleicher Provenienz zusammensetzen, beispielsweise derart, daß man die Mischung "gestaffelte Faserfeinheiten, gestaffelte Faserlängen" so durchführt, daß die dann errechenbare ideale Längenvariationskurve $CB(L,T)_i$ sich mit derjenigen der zu vergleichenden Mischungen weitgehend deckt. Die hierfür notwendige Titerstaffelung würde dann allerdings in vielen Fällen zu nicht handelsüblichen Faserfeinheiten (Titern) führen. Das aber wäre für den Chemiefaserproduzenten unwirtschaftlich.

## 6. Zusammenfassung

Ausgehend von der Faserendendichte und der Faseranzahl im Garnquerschnitt wird das Auftreten von Schwankungen in einem Faserlängsverband erörtert. Von den vier Schwankungsarten (Fehler, Perioden, Verzugswellen und Ungleichmäßigkeiten) werden hier vornehmlich die unvermeidlichen Verzugswellen und Ungleichmäßigkeiten des Garnes und ihr Einfluß auf das Warenbild, d.h. auf den Verkaufswert, berücksichtigt.

An Hand eines Baumwollgarnes der Nummer Nm 50 wird die Längenabhängigkeit der totalen und die der partiellen Maßkorrelationskoeffizienten der Merkmale Materialdichte, Drehung, Reißkraft und Bruchdehnung vorgestellt. Für dieselben Merkmale und für das Merkmal des optischen Durchmessers wird auf die Längenabhängigkeit der äußeren Variationskoeffiziente und im Zusammenhang damit auf die Ungleichmäßigkeitsprüfgeräte und -methoden hingewiesen. Nach einer Behandlung der Vertrauensbereiche von Mittelwerten, von Variations- und Korrelationskoeffizienten sowie von beobachteten Häufigkeiten erfolgt die Darstellung der drei Ungleichmäßigkeits-Kennfunktionen (Längenvariations-, Korrelations- und Spektrumsfunktion), wobei das Merkmal "Materialdichte" im Vordergrund des Interesses steht. Neben dem Problem der kontinuierlichen und diskontinuierlichen Probeentnahme für die Aufstellung der Längenvariationsfunktion werden einige allgemeine Fragen bezüglich der Korrelographen und Spektrographen erörtert. Es wird auf die mathematischen Beziehungen, die zwischen den Kennfunktionen bestehen, hingewiesen und die drei Kennfunktionen eines "ideal" gleichmäßigen Garnes behandelt, wobei die ideale Längenvariationsfunktion des ein- und mehrkomponentigen Idealgarnes sowie des Idealzwirnes besondere Berücksichtigung finden. Für das "tatsächlich" ungleichmäßige Garn werden die Auswirkungen verschiedener Störungen auf die Kennfunktionen (Perioden, Verzugswellen, Fasergruppenbildung, Querstreuung) und die Brauchbarkeit der drei Kennfunktionen für die genaue Erfassung und Analysierung von Störungen erläutert.

Es werden die prüftechnischen Bedingungen für die Ermittlung der Längenvariationskoeffizienten des Merkmals "Materialdichte (Garnmasse)" und des Merkmals "optischer Garndurchmesser" sowie die Aufnahme der Spektrogramme beschrieben (mehrfache Summations- und Auswertanlage "Aachen" und Spektrograph "Uster"). Mit Hilfe der erweiterten, mehrfachen Längenbezeichnung wird der Einfluß der Probeentnahme bei der direkten, bei der indirekten und bei der diskontinuierlichen Längenvariations-Prüfmethode geschildert. Für die Garn-Ungleichmäßigkeit wird abschließend die durch den K-Faktor ausgewiesene Verarbeitungsgüte behandelt.

Zum Zwecke der Darstellung des Ungleichmäßigkeitsverhaltens der aus den Garnen gefertigten textilen Flächengebilde können ebenfalls verschiedene Merkmale benutzt werden, wobei wiederum das Merkmal "Materialdichte (Gewebemasse)" besondere Beachtung findet. Es werden die wenigen in- und ausländischen Arbeiten, die die Flächenungleichmäßigkeit mit berücksichtigen, erörtert. Die von den Verfassern verwendete Flächenvariationskurve stellt in Verbindung mit dem Warenbild eine brauchbare Methode dar, um die Beziehung zwischen der Garn- und der Gewebeungleichmäßigkeit zu untersuchen. Hierbei sind die Güte des Flächenherstellungsprozesses $K(F)$ und die Güte der gesamten Fertigung $K(L,F)$ bedeutsame Verarbeitungs-Kennzahlen.

Nach einer allgemeinen Erörterung der mit der Warenbeschau verbundenen prüftechnischen Probleme (Lichttechnik, Empfindlichkeit des Auges und die der Photozellen, Rangkorrelation) werden die Beziehung zwischen dem Ungleichmäßigkeitsverhalten verschiedener Merkmale und der Gleichmäßigkeit des Flächenaussehens (Warenbild) beschrieben. Es werden die wichtigsten Erscheinungen des Gewebeaussehens (Schnittigkeit, Streifigkeit und Banden) sowie ihre Relationen zur Längen- und Flächenvariation besprochen, und es wird auf die von den Verfassern für Prüfzwecke bevorzugte Gewebe-Konstruktion "Schußgarn mit veränderlicher Ungleichmäßigkeit und Kettgarn mit vernachlässigbar kleiner Ungleichmäßigkeit" hingewiesen.

Zum Abschluß werden drei mit einem Wollkammgarn-Spinnprozeß gefertigte Zellwollgarne der Nummer Nm 34 (Wolltype), denen hinsichtlich der Faserlänge und des Fasertiters bei etwa gleichem Durchschnittstiter und gleichem Schlankheitsgrad die drei unterschiedlichen Mischungen

      1. 3,7/100
      2. 3,7/ 80 - 3,7/100 - 3,7/120
      3. 3 / 80 - 4,5/100 - 6 /120

zugrunde liegen, auf ihr Längenvariations-, Flächenvariations- und Verarbeitungsgüteverhalten untersucht. Es werden die Garn-Spektrogramme, die mittel- und großflächigen Gewebebilder und die dynamometrischen Eigenschaften mit in den Betrachtungskreis einbezogen. Es wird nachgewiesen, daß die Mischung 3,7/80 - 3,7/100 - 3,7/120 (konstanter Titer, gestaffelte Schnittlänge) die günstigsten Längen- und Flächenvariationskurven sowie die gleichmäßigsten Warenbilder, die Mischung 3/80 - 4,5/100 - 6/120 (gestaffelter Titer, gestaffelte Schnittlänge) hingegen die günstigsten Verarbeitungsgüte-Charakteristika aufweisen. Es wird darauf hingewiesen, daß beim Mischen von Fasern gleicher Provenienz die Titer bei der Staffelung auch so aufeinander abgestimmt werden können, daß die gleiche ideale Längenvariationskurve des Garnes wie bei der der zu vergleichenden, im Titer ungestaffelten Mischung vorliegt.

                                        Prof. Dr.-Ing. Walther Wegener
                                        Dr.-Ing. Hans Peuker

# 7. Literaturverzeichnis

## 7.1

[1] WEGENER, W. und H. PEUKER — Die CB(L)-Längenvariation. Textil-Praxis **12**, 980 (1957)

[2] Methoden und Geräte zur Ermittlung von Punkten der Längenvariationskurve CB(L). Textil-Praxis **12**, 1183 (1957)

[3] Prüfanlage zur schnellen und sicheren Untersuchung der Längenvariation von Garnen, Lunten und Faserbändern I u. II. Arch.f.Techn. Messen V 8261-11 u. -12 Okt. 1957 u. März 1958

[4] Die Ermittlung von Punkten der CB(L)-Kurve nach dem diskontinuierlichen Summations- und Auswertverfahren. Textil-Praxis **13**, 133 (1958)

[5] Beziehung zwischen dem Warenbild, der CB(L)- und der CB(F)-Charakteristik. Textil-Praxis **13**, 261, 365 (1958)

[6] Einfluß des Stapels und des Titers von Chemiefasern auf die Ungleichmäßigkeit des Garnes und auf die des Warenbildes. Reyon, Zellwolle und andere Chemiefasern **8**, 735 (1958)

[7] Wie kann man periodenbehaftete Baumwollgarne hinsichtlich der Garn- und Gewebeungleichmäßigkeit verbessern? Z.f.d.ges. Textilind. **60**, 842, 933, 1006 (1958)

[8] Einfluß verschiedener Vorbereitungs- und Flyerprozesse auf die Ungleichmäßigkeit der Baumwollgarne und -gewebe. Melliand Textilber. **40**, 17, 126 (1959)

[9] WEGENER, W. und H. PEUKER — Einfluß des Streichgarn-Selfaktors und der Streichgarn-Ringspinnmaschine auf die Ungleichmäßigkeit der Garne, Gewebe und Gewirke.
Z.f.d.ges.Textilind. 61, 155, 206 (1959)

[10] Einfluß des Dreizylinderspinnverfahrens und des Faserbandspinnverfahrens auf die Ungleichmäßigkeit der Baumwollgarne und -gewebe.
Z.f.d.ges.Textilind. 61, 962, 996 (1959)

[11] Rationelles Prüfen der Festigkeit und Dehnung von Garnen.
Reyon, Zellwolle und andere Chemiefasern 10, 169, 228 (1960)

[12] Einfluß des Beimischens von Zellwolle zu Langflachs auf die Ungleichmäßigkeit der Garne und Gewebe.
Z.f.d.ges.Textilind. 62, 439, 481, 508 (1960)

[13] Einfluß des Beimischens von Zellwolle zu Kurzflachs (Flachswerg) auf die Ungleichmäßigkeit der Garne und Gewebe.
Z.f.d.ges.Textilind. 62, 553, 596 (1960)

[14] Einfluß einer Kardenband-Vergleichmäßigungseinrichtung auf die Ungleichmäßigkeit der Baumwollgarne und -gewebe.
Z.f.d.ges.Textilind. 62, 711, 821 (1960)

[15] Die Bedeutung der Spindeldrehzahl-Charakteristika des MaK-Wagenspinners.
Z.f.d.ges.Textilind. 63, 13, 89 (1961)

[16] Vergleichende Untersuchungen an Streichgarnen, die mit der Ringspinnmaschine und mit dem Selfaktor ausgesponnen wurden.
Forschungsber.d.Landes Nordrhein-Westfalen, Westd.Verlag Köln u.Opladen (erscheint 1961/62)

[17] WEGENER, W. und H. PEUKER — Vergleich der Ungleichmäßigkeit von Baumwoll- und Zellwollgarnen, die nach dem normalen Dreizylinder- und nach dem Kannenspinnverfahren hergestellt wurden. Forschungsberichte des Landes Nordrhein-Westfalen, Westdeutscher Verlag Köln und Opladen (erscheint 1962)

[18] Noch unveröffentlichtes Manuskript (erscheint 1962)

[19] Einfluß verschiedener Strecken bei verkürzten Kammgarnspinnverfahren auf die Ungleichmäßigkeit und auf die dynamometrischen Eigenschaften von Mischgespinsten aus Wolle und kunstgeschaffenen Fasern. Forschungsberichte des Landes Nordrhein-Westfalen, Westdeutscher Verlag Köln und Opladen (erscheint 1961/62)

[20] Garn- und Gewebeungleichmäßigkeit. Z.f.d.ges.Textilind. 63, 438, 546, ff. (1961)

[21] WEGENER, W. und W. ZAHN — Prüfapparate und Methoden zur Ermittlung der Garnungleichmäßigkeit. Textil-Praxis 9, 21, 134, 246 (1954)

[22] Die Längenvariations-Charakteristik in der Spinnerei. Melliand Textilber. 36, 686, 776 (1955)

[23] WEGENER, W. und H.E. BRAUNE — Die Flyerregulierung und ihre Auswirkung auf das Vorgespinst. Melliand Textilber. 36, 982 (1955)

[24] WEGENER, W. und W. ZAHN — Vergleich des normalen mit verschiedenen abgekürzten Baumwollspinnverfahren in bezug auf Gleichmäßigkeit und Sortierungsstreuung der Garne. Forschungsberichte des Landes Nordrhein-Westfalen, Nr. 339, Westdeutscher Verlag Köln und Opladen (1956)

[25] WEGENER, W. und R. PEUKER — Einfluß der Flyerregulierung auf die Gleichmäßigkeit des Vor- und des Endgespinstes. Melliand Textilber. **37**, 1133 (1956)

[26] WEGENER, W. und W. ZAHN — Untersuchung von gesponnenen Garnen auf ihre Gleichmäßigkeit nach verschiedenen Meßmethoden. Forschungsberichte des Landes Nordrhein-Westfalen, Nr. 302, Westdeutscher Verlag Köln und Opladen (1956)

[27] WEGENER, W. und E.G. HOTH — Theoretische Betrachtungen über die Faserlängenverteilung. Melliand Textilber. **36**, 1219 (1955)

[28] WEGENER, W. und G. PROBST — Die Längenvariationscharakteristik der Masse und der Drehung. Melliand Textilber. **37**, 1374 (1956)

[29] WEGENER, W. und H. ENNEKING — Die Längenvariationscharakteristik der Masse und der Drehung eines Zwirnes. Textil-Praxis **12**, 337 (1957)

[30] WEGENER, W. und H. MEISTER — Eine Meßmethode zur Bestimmung dicker Garnstellen. Melliand Textilber. **38**, 132 (1957)

[31] Einfluß des Stapels auf die Ungleichmäßigkeit und dynamometrischen Eigenschaften werksavivierter und nachbehandelter Streckenbänder und Garne aus Chemiefasern. Reyon, Zellwolle und andere Chemiefasern **7**, 700, 772 (1957)

[32] WEGENER, W. und W. ROSEMANN — Die statistische und geometrisch-analytische Definition der Längenvariationskurve. Melliand Textilber. **38**, 1340 (1957)

[33] Das Verhalten der Längenvariationskurve für kleinere Integrationslängen. Melliand Textilber. **39**, 368 (1958)

[34] WEGENER, W. und W. ROSEMANN — Beispiele für Längenvariationskurven bei einfachen Materialdichten.
Melliand Textilber. $\underline{39}$, 844 (1958)

[35] WEGENER, W. und E.G. HOTH — Die CB(F)-Flächenvariation.
Textil-Praxis $\underline{13}$, 485 (1958)

[36] WEGENER, W. und H. MEISTER — Einfluß des Stapels und des Titers von Chemiefasern auf die Ungleichmäßigkeit der Streckenbänder und Garne.
Reyon, Zellwolle und andere Chemiefasern $\underline{8}$, 432, 502, 587, 662 (1958)

[37] WEGENER, W. — Aufstellung und Vergleich von Variance-within- und Variance-between-Kurven von Garnen, die nach verschiedenen Spinnverfahren hergestellt werden.
Forschungsberichte des Landes Nordrhein-Westfalen, Nr. 632, Westdeutscher Verlag Köln und Opladen (1958)

[38] WEGENER, W. und W. ROSEMANN — Berechnung der Längenvariationskurven mit Hilfe der Fourier-Reihen.
Melliand Textilber. $\underline{40}$, 242, 371 (1959)

[39] WEGENER, W. und H. GENDRIESCH — Streuungsanalyse der Ungleichmäßigkeit von Geweben.
Z.f.d.ges.Textilind. $\underline{61}$, 606 (1959)

[40] WEGENER, W. und E.G. HOTH — Die Darstellung der Ungleichmäßigkeit eines Faserverbandes.
Melliand Textilber. $\underline{41}$, 10 (1960)

[41] WEGENER, W. — Einfluß der höheren Vorgarndrehung geflyerter Lunten auf die Ungleichmäßigkeit und die dynamometrischen Eigenschaften des fertigen Garnes.
Forschungsberichte des Landes Nordrhein-Westfalen, Nr. 896, Westdeutscher Verlag Köln und Opladen (1960)

[42] WEGENER, W.  Einfluß der Flyereinstellung auf den Spulenaufbau.
Melliand Textilber. 41, 1184, 1317 (1960)

[43]  Die Überschneidung der Vertrauensbereiche zweier Mittelwerte im Zusammenhang mit der Frage der Absicherung der Unterschiede zwischen den beiden Mittelwerten.
Melliand Textilber. 41, 1327 (1960)

7.2:

[44] BALLS, W.L.  Studies of Quality in Cotton.
London: Macmillan, CH VIII (1930)

[45] SOMMER, H.  Untersuchungen über den Einfluß des Einkardenspinnverfahrens in der Juteindustrie auf die hergestellten Erzeugnisse und die Wirtschaftlichkeit des Betriebssystems.
Halle (Saale): Verlag W. Knapp (1924)

[46] SPEARMAN, C.  The Proof and Measurement of Association between Two Things.
Amer. J. Psychol. 15, 79 (1904)

[47] WIENER, N.  Generalised Harmonic Analysis.
Acta math. 55, 117 (1930)

[48] BARKER, S.G. und G.R. STANBURY  A Photoelectric Method for Measuring the Levelness of Yarn.
J. Textile Inst. 19, T 405 (1928)

[49] TIPPET, L.H.C.  Some Applications of Statistical Methods to the Study of Variation of Quality in the Production of Cotton Yarn.
J.Roy.Stat.Soc.Suppl. 2, 27 (1935)

[50] STANBURY, G.R.  Some Further Notes on the Photoelectric Method of Measuring Yarn Levelness.
J.Textile Inst. 22, T 385 (1931)

[51] FRANZ, E. und H.-J. HENNING — Über die Messung der Gleichmäßigkeit von Kammgarnen und Vorgarnen mit der Photozelle.
Melliand Textilber. 16, 710, 761 (1935)

[52] PEARSON, E.S. — The Application of Statistical Methods to Industrial Standardisation and Quality Control.
British Standards Institution, B.S. 600 (1935)

[53] STUMPFF, K. — Grundlagen und Methoden der Periodenforschung.
Berlin (1937)

[54] — Tafeln und Aufgaben zur harmonischen Analyse und Periodogrammrechnung.
Berlin (1939)

[55] SPENCER-SMITH, J.L. u. H.A.C. TODD — A Time Series met with in Textile Research.
J.Roy.Stat.Soc., Suppl. 7. 131 (1941)

[56] MATTHES, M. und H. MANGARTZ — Ein neues Prüfverfahren für die Gleichmäßigkeit von Faserbändern und Garnen.
Melliand Textilber. 21, 326 (1940)

[57] MATTHES, M. und W. KLAUSNITZER — Prüfung von Vorgarnen der Kammgarnspinnerei mit dem elektrischen Gleichmäßigkeitsprüfer T.H. Aachen.
Klepz.Text.Ztschr. 46, 464 (1941)

[58] CHAMBERLAIN, N.H. — A General-Purpose Photoelectric Photometer and its Use in Textile Laboratories.
J.Textile Inst. 35, T 61 (1944)

[59] FOSTER, G.A.R. — The Investigation of Periodicities in the Products of Cotton Spinning. The Drafting Wave.
J.Textile Inst. 36, T 229 (1945)

[60] MARTINDALE, J.G. — A New Method of Measuring the Irregularity of Yarns with some Observations on the Origin of Irregularities in Worsted Slivers and Yarns.
J.Textile Inst. 36, T 35 (1945)

[61] ANDERSON, S.L., B. CAVANEY, G.A.R. FOSTER und J. GREGORY — Description and Use of (1) the Photograhic Yarn Regularity Tester, and (2) the Photographic Sliver and Roving Regularity Tester.
J.Textile Inst. 36, T 191 (1945)

[62] FOSTER, G.A.R. und J.G. MARTINDALE — The Form and Length of the Drafting Wave in Cotton Rovings.
J.Textile Inst. 37, T 1 (1946)

[63] HARTLEY, H.O. — J.Roy.Stat.Soc., Suppl. 8, 154 (1946)

[64] FOSTER, G.A.R. — Some Instruments for the Analysis of Time Series and their Application to Textile Research.
J.Roy.Stat.Soc., Suppl. 8, 42 (1946)

[65] HUBERTY, A. — Première études des paramètres caractérisant la régularité des fils, mèches et rubans, lois fondamentales.
I.W.T.O., Techn.Comm.Proc., Paris (1947)

[66] KENDALL, M.G. — The Advanced Theory of Statistics.
London: Griffin (1948)

[67] — Rank Correlation Methods.
London: Griffin (1948)

[68] DAEVES, K. und A. BECKEL — Großzahlforschung und Häufigkeitsanalyse. Ein Leitfaden.
Weinheim und Berlin: Chemie Verlag (1948)

[69] SCHIEFER, H.F., L.E. CREAN und F.J. KRASNY — Improved Single-Unit Schiefer Abrasion Testing Machine.
Textile Res.J. 19, 259 (1949);
J.Res.Nat.Bur.Standards 42, 481 (1949)

[70] TOWNSEND, M.W.     The Assessment of Yarn Quality.
J.Textile Inst. $\underline{40}$, P 566 (1949)

[71] COX, D.R.     Theory of Drafting of Wool Slivers.
Proc.Roy.Soc. A. 197, 28 (1949)

[72] BOYD, G.N.     An Electronic Instrument for Measuring Weight Variations in Slivers, Rovings and Yarns.
J.Textile Inst. $\underline{40}$, T 407 (1949)

[73] WIENER, N.     The Extrapolation, Interpolation and Smoothing of Stationary Time Series.
New York (1949)

[74] BREARLEY, A. und D.R. COX     An Outline of Statistical Methods for Use in the Textile Industry.
Wool Industries Res.Association, Torridon, Headingley, Leeds.
London and Bradford: Lund Humphries (1949)

[75] BENSON, F.     A Note on the Estimation of Mean and Standard Deviation from Quantiles.
J. Roy.Stat.Soc. II, 91 (1949)

[76] MATTHEW, J.A., N.B. RAJCHENBAUM und J.L. SPENCER-SMITH     A Review of Methods of Measuring the Irregularity of Flax Roves and Yarns.
J.Textile Inst. $\underline{41}$, P 486 (1950)

[77] ONIONS, W.J., J. PICKERING und W. STABLES     A Comparison of Some Methods of Measuring Yarn Irregularity.
J.Textile Inst. $\underline{41}$, P 480 (1950)

[78] ANON     Kapazitätsmethoden zum Messen der Abnutzung von Geweben.
Textil-Praxis $\underline{5}$, 252 (1950), nach Techn. News Bull. $\underline{5}$, 60 (1949)

[79] YULE, U. und M.G. KENDALL     An Introduction to the Theory of Statistics.
London: Griffin (1950)

[80] BARTLETT, M.S. — Periodogramm Analysis and Continuous Spectra.
Biometrika 37, 1 (June 1950)

[81] FOSTER, G.A.R. — The Causes of the Irregularity of Cotton Yarns.
J.Textile Inst. 41, P 357 (1950)

[82] TEMMERMAN, R. und L. HERMANNE — Application of the Index of Irregularity to the Study of Spinning on the Cotton System.
J.Textile Inst. 41, T 411 (1950)

[83] WALKER, P.H. — The Electronic Measurement of Sliver, Roving and Yarn Irregularity with Special Reference to the Use of the Filden Bridge Circuit.
J.Textile Inst. 41, P 446 (1950)

[84] WORTHINGTON, L.J. — Hand Calculation of the Standard Deviation by Successive Summation.
J.Textile Inst. 42, P 276 (1951)

[85] BENKÖ, J.V. und F. MONFORT — Premiers essais de mesures quantitatives de la régularité d'aspect des tissus.
Congrès de la A.I.G., Gand (1951)

[86] LOCHER, H. — Einige spezielle Fragen der Gleichmäßigkeitsprüfung.
Bericht für F.L.I. in Barcelona (Mai 1951); auch Zellweger-Information 126 632 D, Bl. 1-23

[87] TOWNSEND, M.W. und D.R. COX — The Analysis of Yarn Irregularity.
J.Textile Inst. 42, P 107 (1951)

[88] VAN DEN ABEELE, A.M. — Contribution to the Study of Irregularity of Yarns, Rovings and Slivers.
J.Textile Inst. 42, P 162 (1951)

[89] PICARD, H.C. — The Irregularity of Slivers.
J.Textile Inst. 42, T 503 (1951);
43, T 251 (1952); 44, T 307 (1953)

[90] COX, D.R. und M.W. TOWNSEND — The Use of Correlograms for Measuring Yarn Irregularity.
J.Textile Inst. 42, P 145 (1951)

[91] GRAF, U. und H.-J. HENNING — Der Vergleich von Werturteilen mit Hilfe des Rangkorrelationskoeffizienten.
Melliand Textilber. 32, 850 (1951)

[92] W.I.R.A. — Comparative Measurements of Yarn Irregularity.
J.Textile Inst. 42, P 152 (1951)

[93] TOWNSEND, M.W. — Measurement of Yarn Irregularity.
J.Textile Inst. 42, P 12 (1951)

[94] BISCHOFF, H. — Auswertmethoden für Gleichmäßigkeitsdiagramme.
Melliand Textilber. 34, 41 (1953)

[95] GROSSMANN, O. von, W. MASING und C. SCHUBERT — Ein Verfahren zur kontinuierlichen Messung der Gleichmäßigkeit von Schlagmaschinenwickeln.
Textil-Praxis 6, 240 (1951); 7, 103 (1952)

[96] NITSCHKE, G. — Über die Bestimmung der Noppigkeit von Kammzügen.
Faserforschung u.Textiltechn. 3, 95 (1952)

[97] FOSTER, R. — Weaving Investigations-Periodic Patterning in Fabrics.
J.Textile Inst. 43, P 742 (1952)

[98] BARELLA, A. — The Influence of Twist on the Regularity of the Apparent Diameter of Worsted Yarns.
J.Textile Inst. 43, P 734 (1952); Bericht für I.W.T.O., Barcelona (Mai 1951)

[ 99] GRAF, U. und  Statistische Methoden bei textilen Unter-
H.-J. HENNING  suchungen.
Berlin, Göttingen, Heidelberg: Springer-
Verlag (1952); 3. Neudruck (1960)

[100] BÖHME, H.  Die Auswirkung ungleichmäßiger Gespinste
im Gewebe.
Textil- und Faserstofftechn. 2, 202 (1952)

[101] SULSER, H.  Theoretische Grundlagen für die Beurteilung der Ungleichmäßigkeit von Garn.
Textil-Rundschau 7, 464 (1952); vgl. hierzu BRENY, H. [117]

[102] MONFORT, F.  La répartition de la torsion dans les fils
de laine peignée.
Bull.Inst.Textile France 6, 55 (1952)

[103] OLERUP, H.  Calculation of the Variance-Length Curve
for an Ideal Sliver.
J.Textile Inst. 43, P 290 (1952)

[104] KÖB, H.  Ungleichmäßigkeitsfragen der Dreizylinderspinnerei.
Textil-Praxis 7, 487, 580 (1952)

[105] LUND, G.V.  A Comparative Study of the Regularity of
Rayon Staple Yarns Spun on Different
Spinning Systems.
J.Textile Inst. 43, T 299 (1952)

[106]  Fiber Blending.
Textile Research J. 24, 759 (1954)

[107] GRÜNER, H.  Über ein neues optisches Verfahren zur
Gleichmäßigkeitsprüfung am laufenden Faden.
Faserforsch. u. Textiltechn. 3, 182 (1952)

[108] NATUS, D.  Ein photoelektrischer Gleichmäßigkeitsprüfer für laufende Fäden, Garne und dgl.
Faserforsch. u. Textiltechn. 3, 311 (1952)

[109] MULLEN, P.W.  The Current Story on Evenness Testing.
Textile Industries $\underline{117}$, 118 (1953)

[110] BARELLA, A.  Mesures interlaboratoires de diamètre apparent du fil au moyen du régularimètre Barella.
Bull.Inst.Textile France $\underline{36}$, 33 (1952);
Beitrag für I.W.T.O. in Barcelona
(Mai 1951)

[111] GRAF, U. und H.-J. HENNING  Formeln und Tabellen der mathematischen Statistik.
Berlin, Göttingen, Heidelberg: Springer-Verlag (1953)

[112] BARELLA, A.  Deux procédés permettant de mesurer la régularité des tissus.
Bull.Inst.Textile France $\underline{40}$, 63 (1953);
Vorschlag bei F.L.I., London (1952)

[113] BRENY, H.  The Calculation of the Variance-Length Curve from the Length Distribution of Fibres.
J.Textile Inst. $\underline{44}$, P 1 u. P 10 (1953);
Bericht für F.L.I., Paris (Januar 1952)

[114] JOHNSON, R.A. und D. MIDDLETON  Measurement of Correlation Functions of Modulated Carriers and Noise Following a Nonlinear Device.
In: W. Jackson, Communication Theory, Page 195 (London 1953)

[115] BRENY, H.  Variance and Autocorrelation of Thickness in Random Slivers.
I.W.S., Appl.Sci.Res., Sect.A, Vol. $\underline{3}$, 433 (1953)

[116] MEYER, W.  Neue Wege in der Zellwollverarbeitung.
Textil-Praxis $\underline{8}$, 375 (1953)

[117] BRENY, H.  Theoretische Grundlagen für die Beurteilung der Ungleichmäßigkeit von Garnen. Bemerkungen zum Artikel H. SULSER [101].
Textil-Rundschau $\underline{8}$, 80 (1953)

[118] DOBB, J.L.  Stochastic Processes.
New York and London (1953)

[119] FISHER, R.A. und F. YATES  Statistical Tables for Biological, Agricultural and Medical Research.
London and Edinburgh: Oliver and Boyd, 4th.edit. (1953)

[120] LOCHER, H.  The Testing of the Irregularity of Blended Yarns and Rovings Using Apparatus of the Dielectric-Capacity Type.
J.Textile Inst. $\underline{44}$, P 698 (1953).
Nachtrag hierzu: HEARLE, J.W.S. und P.H. WALKER.
J.Textile Inst. $\underline{44}$, P 811 (1953)

[121] CHAKRABARTI, B.K.  Weight Measurement of Yarn Irregularity.
Textile Research J. $\underline{23}$, 99 (1953)

[122] KAWATA, S. und K. SEGAWA  A Device for Examination of Thickness of a Running Thread.
Textile Research J. $\underline{23}$, 643 (1953)

[123] STEIN, H.  Qualitätsüberwachung in der textilen Fertigung.
Textil-Praxis $\underline{8}$, 312 (1953)

[124] KÖB, H. und M. RUOF  Ursachen und Erkennung periodischer Unregelmäßigkeiten in der Dreizylinderspinnerei.
Textil-Praxis $\underline{8}$, 371 (1953)

[125] BARELLA, A., J.M. GARCIA-PLANAS, S. PERICH, F. MAILLARD, O. ROEHRICH und E. AMOUROUX
Première expérience pour étudier la relation existant entre la régularité des fils et celle des tissus.
Bull.Inst.Textile France 44, 71 (1954);
auch: J.Textile Inst. 45, P 82 (1954);
Bericht für I.W.T.O., Lissabon (Juni 1953)

[126] VAN OVERBEKE, M., G. MAZINGUE und H. DILLIES
Contribution à l'étude de la régularité des filés de laine peignée.
Bull.Inst.Textile France 43, 65 (1953), 44, 15 (1954)

[127] BUTLER, K.J. und W.T. COWHIG
Yarn Irregularity Picture Recorder.
Skinner's Silk & Rayon Record, 406 (Nov. 1954)

[128] SANBORN, M.A.
Irregularity in Textile Yarns and Strands, a Literature Survey.
Text. Research J. 24, 86 (1954)

[129] REVESZ, G.
An Autocorrelogram Computer.
J.Sci.Instr. 31, 406 (1954)

[130] SCHUBERT, C.
Über Ursachen und Messung von Gespinstungleichmäßigkeiten und ihren Einfluß auf das Warenbild.
Textil-Praxis 9, 641 (1954)

[131] GROSBERG, P. und R.C. PALMER
On the Determination of the B-L-Curve by Cutting and Weighing.
J.Textile Inst. 45, T 291 (1954)

[132]
The Use of the Zellweger-Irregularity Tester in Finding the Variance-Length Curve of Worsted Yarn.
J.Textile Inst. 45, T 275 (1954)

[133] COX, D.R.
Some Statistical Aspects of Mixing and Blending.
J.Textile Inst. 45, T 113 (1954)

[134] FISCHER, J. und V. LIEBSCHER — Nomographische Methoden bei der Qualitätskontrolle.
Textil- u.Faserstofftechn. $\underline{10}$, 577 (1954)

[135] LEVI, V. — Le controle du fil par le régularimètre.
L'Industrie Textile $\underline{814}$, 775 (1954)

[136] GROSBERG, P. und R.C. PALMER — Comparison of the Variance-Length Curves Given by the Zellweger Instrument and by Cutting and Weighing.
J.Textile Inst. $\underline{45}$, T 303 (1954)

[137] BARELLA, A. — Du rapport existant entre les divers paramètres de la valeur technique d'un fil.
L'Industrie Textile $\underline{45}$, 321 (1954)

[138] ONIONS, W.J. und M. YATES — The Photoelectric Measurement of the Irregularity and the Hairiness of Worsted Yarn.
J.Textile Inst. $\underline{45}$, T 873 (1954)

[139] MAILLARD, F., E. AMOUROUX und A. BARELLA — Contribution à l'étude du diamètre apparent d'un fil. Nouveau régularimètre continue.
Conf.Intern.Tec.Textil, Com.No. 7, Barcelona (Sept. 1954)

[140] FELIX, E. — Analysierung der Ungleichmäßigkeit von Garnen, Vorgarnen und Bändern an Hand des Wellenlängenspektrums.
Textil-Rundschau $\underline{10}$, 1 (1955)

[141] Bestimmung mechanischer Fehler der Spinnereimaschinen mit Hilfe des Wellenlängenspektrums.
Melliand Textilber. $\underline{36}$, 698 (1955)

[142] CAVANEY, B., G.A.R. FOSTER und S.L. ANDERSON — The Irregularity of Materials Drafted on Cotton Spinning Machinery and its Dependence on Draft, Doubling and Roller-Setting. Parts I and II.
J.Textile Inst. $\underline{46}$, T 529, T 551 (1955)

[143] MAILLARD, F., O. ROEHRICH und E. AMOUROUX — Contribution à l'étude de la régularité des tissus. Cong.Internat. de la Rech.Scient., Bruxelles (juin 1955)

[144] CROMPTON, C.E. — Radioaktive Isotopen, Textilien und Du. Textil-Praxis 10, 971 (1955)

[145] BARELLA, A., C. PUJOL und J. CEGARRA — Bericht für I.W.T.O. in München (Juni 1955)

[146] NOZAKI, C. und A. AINO — Methods of Measuring and Evaluating Yarn Irregularity. J.Text.Mach.Soc. Jap. Vol. 1, Nr. 2, 24 (1955)

[147] HENNING, H.-J. — Statistische Methoden der Bewertung der Garnungleichmäßigkeit. Melliand Textilber. 36, 702, 785, 894, 991 (1955)

[148] COPLAN, M.J. und W.G. KLEIN — A Study of Blended Woolen Structures, Part I, II, III, IV, V. Textile Res.J. 25, 743, 902 (1955); 26, 914 (1956); 28, 956 (1958); 29, 632 (1959).
Siehe auch: COPLAN, M.J., C.A. LERMOND und R.A. KENNEY: An Index of Blend Irregularity and its Practical Use. J.Textile Inst. 49, P 379 (1958)

[149] ZELLWEGER AG — Mathematische Formeln für die Idealspektren. Information Nr. 133'819 Bl. 1 bis 5 (1955)

[150] MASING, W. — Statistische Qualitätskontrolle in der Baumwollspinnerei. Stuttgart: Konradin-Verlag Robert Kohlhammer (1955)

[151] MEYER, K. und H. LANGER
Gleichmäßigkeitsprüfung am laufenden Faden auf elektro-kapazitiver Basis.
Leipzig: Fachbuchverlag GmbH (1953)

[152] LOHSE, H.
Der Statifix, ein Hilfsmittel zur Bestimmung statistischer Kennwerte.
Textil-Praxis 10, 289 (1955).
Ebenso: Einfache Berechnung von $\bar{x}$ und s aus der Summenhäufigkeit.
Qualitätskontrolle 5, 96 (1957)

[153] MASING, W.
Ein Verfahren zur statistischen Auswertung kontinuierlich anfallender Meßwerte.
Textil-Praxis 10, 357 (1955)

[154] VAN ZWET, C.J.
A Method for the Calculation of the CB(L)-Curve (Including a note by D.R. COX).
J.Textile Inst. 46, P 794 (1955)

[155] WATERS, W.T.
An Evaluating and Comparison of Evenness Testers.
Textile Res.J. 25, 686 (1955)

[156] MACK, C.
Some Factors Affecting the Change in Capacity of a Parallel-Plate Condenser due to the Insertion of a Yarn.
J.Textile Inst. 46, T 500 (1955)

[157] VAN ZWET, C.J. und W.A. NIENHUIS
A Possible Error in Using the Zellweger Evenness Tester.
J.Textile Inst. 46, P 790 (1955)

[158] KÖB, H.
Beiträge zum Problem der Ungleichmäßigkeitsprüfung.
Congrès Internat. de la Recherche Scient., Bruxelles (juin 1955)

[159] VOGLER, K.
Über periodische Fehlerscheinungen in Textilien.
Textil-Rundschau 12, 115 (1957)

[160] MASING, W.     Ein elektronisches Gerät zur Schnellermittlung statistischer Kenngrößen.
Mitteilungsbl. f. math.Statistik $\underline{6}$, 233 (1955)

[161]     Ein Schnellverfahren zur Gewinnung der Streuungslängen-(Variance-length-) Kurve eines Gespinstes mit elektronischen Mitteln.
Textil-Praxis $\underline{10}$, 1237 (1955)

[162] BANDYOPADHYAY, S.B.     On the Determination of the B-L Curve by Cutting and Weighing.
J.Textile Inst. $\underline{46}$, T 63 (1955)

[163] GROSBERG, P.     The Medium and Long-Term Variations of a Yarn I, III.
J.Textile Inst. $\underline{46}$, T 301, T 317 (1955)

[164] MALATINSZKY, P. und P. GROSBERG     The Medium and Long-Term Variations of a Yarn II.
J.Textile Inst. $\underline{46}$, T 310 (1955)

[165] BANERJEE, B.L. und M.K.SEN     The Measurement and Analysis of the Irregularity of Jute Yarn.
J.Textile Inst. $\underline{46}$, P 742 (1955)

[166] STEIN, H.     Beobachtungs-, Meß- und Prüfgeräte für die Textilindustrie.
Reyon, Zellwolle und andere Chemiefasern $\underline{6}$, 622, 708, 780, 853 (1956)

[167] BURKHART, W.     Die Ermittlung der Häufigkeit von Nissen, Schalen und anderen Unreinheiten in Garnen.
Melliand Textilber. $\underline{37}$, 15 (1956)

[168] FOSTER, G.A.R. und A. TYSON     The Amplitudes of Periodic Variations Caused by Excentric Top Drafting Rollers and their Effect on Yarn Strength.
J.Textile Inst. $\underline{47}$, T 385 (1956)

[169] STEIN, H.     Untersuchung der Verzugsvorgänge an den Streckwerken verschiedener Spinnereimaschinen, 3. Bericht: Theoretische Betrachtung über den Einfluß schlagender Zylinder und Druckroller.
Forschungsberichte, Nr. 238, des Landes Nordrhein-Westfalen, Westdeutscher Verlag, Köln und Opladen (1956)

[170] FISHER, R.A.     Statistical Methods for Research Workers. London and Edinburgh: Oliver and Boyd, 12.th.edit. (1956). Ins Deutsche übersetzt von LUCKA, D.

[171] MARTIN, H.     Der Vertrauensbereich des Variationskoeffizienten, eine wichtige Größe bei statistischen Rechnungen.
Faserforsch. u. Textiltechn. $\underline{7}$, 413 (1956)

[172] MAILLARD, F., O. ROEHRICH und E. AMOUROUX     Etude de la régularité des tissus en fonction des différentes régularités des filés de laine.
Bull.Inst.Textile France $\underline{62}$, 7 (1956); Bericht für F.L.I., Paris (Jan. 1956)

[173] ZELLWEGER AG     Handbuch für den Spektrograph Uster, II. Teil (Ausgabe 1956).
Ebenso: Broschüre "Spektrograph Uster"

[174] BARELLA, A.     Un nouveau régularimètre électronique pour fils.
L'Industrie Textile France $\underline{831}$, 101 (1956)

[175] BORNET, G.M.     Survey for Short and Long Term Unevenness of Yarns Spun on the Worsted System.
Ontario Research Foundation, Toronto (December 1956).
Auch: Canadian Yarn Survey - New Approach to Causes of Count Variation.
Textile Quality Control Papers, Textile Division of the American Society for Quality Control, Vol. 5 (1958)

[176] ONIONS, W.J. und A. SELWOOD
A Simple Method of Plotting the Correlogram of Worsted Yarns.
J.Textile Inst. $\underline{47}$, T 127 (1956)

[177] MAGALHAES, M., D.A. HARRISON und W.J. ONIONS
A Photometer for Measuring Cloth Irregularity.
J.Textile Inst. $\underline{47}$, P 481 (1956)

[178] LOCHER, H.
Comité Technique de la F.L.I.,
Paris (Jan. 1956)

[179] GRENANDER, U. und M. ROSENBLATT
Statistical Analysis of Stationary Time Series.
Stockholm (1956)

[180] MASING, W.
Die Auswertung der Kontrollkarten im Textilbetrieb.
Textilind. $\underline{8}$, 269 (1956)

[181] NIENHUIS, W.A., J. STOMPH und C.J. VAN ZWET
On the Zellweger Evenness Tester, the Fielden-Walker Evenness Tester and their Integrators.
J.Textile Inst. $\underline{47}$, P 269 (1956)

[182] GRIGNET, J.
Fonctionnement et applications des régularimètres électroniques à variation de capacité.
Annales Scient.Textiles Belges $\underline{3}$, 78 (1956)

[183] BARELLA, A.
New Concepts of Yarn Hairiness.
J.Textile Inst. $\underline{47}$, P 120 (1956);
Beitrag für I.W.T.O. in Paris (Jan. 1955)

[184] GRIGNET, J.
Evaluation des erreurs dans le calcul de la courbe B(L) par le méthode de l'inert test. Tracé de la courbe B(L) idéal d'un fil de distribution de longueur connue.
Annales Scient.Textiles Belges. Mars, 96 (1957)

[185] MENDE, H.G.
Ein elektronisches Gerät zur unmittelbaren statistischen Auswertung von Meßwerten. Elektronik H. 2/3 (1957)

[186] VOGT, H.-J. und E. ZIMMER — Automatische Klassifikation und Speicherung von Meßergebnissen.
Elektronik H. 6 (Juli 1957)

[187] BARELLA, A. — Mesure de la pilosité des fils.
L'Industrie Textile 842, 21; 843, 123; 844, 187; 845, 267 (1957)

[188] Yarn Hairiness, the Influence of Twist.
J.Textile Inst. 48, 268 (1957); Beitrag für I.W.T.O. in Paris (Jan. 1956)

[189] KIRSCHNER, E. — Die Prüfung der Garnreinheit.
Mitt.Forschungsges. f. Chemiefaserverarbeitung m.b.H. Denkendorf, ZL 5 22 - 130 (Nov. 1958)

[190] LOCHER, H. — Die Auswirkung periodischer Garnfehler auf das Fertigwarenbild bei Gewirken und Gestricken.
Wirkerei- und Strickerei-Technik 8, 17 (1958)

[191] HART, H. und E. KARSTENS — Radioaktive Isotope in der Dickenmessung (mit 288 Literaturhinweisen).
VEB Verlag Technik, Berlin (1958)

[192] BANERJEE, B.L., B.N. BHATTACHARYYA u. M.K. SEN — The Study of Yarn Properties in Relation to Structure and Appearance of Hessian, I. Diameter of Yarn, II. Coefficient of Variation of Diameter and Hairiness of Yarns.
The Indian Textile J. 475 (May 1958), 154 (Dec. 1958)

[193] GRIGNET, J. und F. MONFORT — Modification to the Calculation of the B(L)Curve by the Inert Test Method.
J.Textile Inst. 49, P 706 (1958); Beitrag für I.W.T.O. Zürich (Juni 1956)

[194] BARELLA, A. und M. RUIZ CUEVAS — Influence of the Spinning Process on the Hairiness of Woolen and Worsted Yarns.
J.Textile Inst. 49, P 195 (1958)

[195] KÖNIG, O. — Einige Betrachtungen über periodische Garnschnittigkeiten.
Textil-Praxis 13, 8 (1958)

[196] FELIX, E. — Moderne Methoden zur Bestimmung von Fehlern der Spinnereimaschinen.
Textil-Praxis 14, 463 (1959)

[197] HENNING, H.-J. — Auswertung.
In: Handbuch der Werkstoffprüfung, Bd. V, herausgegeben von SOMMER, H., 1. u. 2. Aufl., Berlin, Göttingen, Heidelberg: Springer-Verlag (1960)

[198] RICHTER, M. — Photometrische Untersuchungen.
In: Handbuch der Werkstoffprüfung, Bd. V, herausgegeben von SOMMER, H., 1. u. 2. Aufl., Berlin, Göttingen, Heidelberg: Springer-Verlag (1960)

[199] GISEKUS, H. — Die statistische Analyse der Garn- und Fadenungleichmäßigkeit.
Faserforschung u.Textiltechn. 10, 275, 338, 359, 420 (1959).
Ergänzung und Antwort zu [40], Melliand Textilber. 41, 392 (1960)

[200] BORNET, G.M. — Calculation of the Ideal Unevenness of Blended Strands.
J.Textile Inst. 51, P 326 (1960);
Beitrag zu I.W.T.O. in Cannes (Mai 1957)

[201] VOGT, H.-J. — Elektronisches Messen und automatische Ausscheidung dicker Garnstellen.
Melliand Textilber. 40, 971 (1959)

[202] Quantitative Bestimmung dicker Stellen im Garn. Melliand Textilber. 41, 1332 (1960)

[203] VOGT, H.-J. und H. LOHSE — Praktischer Einsatz der Quality Control. Die blaue TR-Reihe Nr. 31, Bern: Verlag Technische Rundschau (1960)

[204] VAN ISSUM, B.E. und N.H. CHAMBERLAIN — The Free Diameter and Specific Volume of Textile Yarns.
J.Textile Inst. 50, T 599 (1959);
Nachtrag hierzu von BARELLA, A. und Antwort der Verfasser:
J.Textile Inst. 51, T 203, T 208 (1960)

[205] HAMILTON, J.B. — Direct Method for Measuring Yarn Diameters and Bulk Densities under Conditions of Thread Flattening.
J.Textile Inst. 50, T 655 (1959);
Nachtrag hierzu von BARELLA, A. und Antwort des Verfassers:
J.Textile Inst. 51, T 293, T 294 (1960)

[206] WAGNER, E. — Gleichmäßigkeitsbestimmung an Garnen.
In: Handbuch der Werkstoffprüfung, Bd. V, herausgegeben von SOMMER, H., 1. u. 2. Auflage, Berlin, Göttingen, Heidelberg: Springer-Verlag (1960).
Auch: Gleichmäßigkeitsprüfung von Garnen.
Textil-Praxis 5, 294, 351, 413 (1950)

[207] STEIN, H. und S. HOBE — Gerät zum Auffinden von Fadenverdickungen bei hohen Prüfgeschwindigkeiten.
Forschungsberichte des Landes Nordrhein-Westfalen, Nr. 730, Westdeutscher Verlag, Köln und Opladen (1960)

[208] LANGER, H. — Der Uster-Spektrograph - ein interessantes Zusatzgerät zur kapazitiven Gleichmäßigkeitsprüfung von Bändern, Vorgarnen und Garnen.
Deutsche Textiltechnik 11, 13 (1961).
Siehe auch [211]

Nachtrag:

[209] BRENY, H. — A propos de la détection des défauts "periodiques" des fils par analyse harmonique.
Bericht für F.L.I., Brüssel (Juni 1954)

[210] ZELLWEGER AG — Die Addition von Variationskoeffizienten.
Information Nr. 133.775 Bl. 3 D (1955)

[211] WILSON, C.C. — Management of Quality-Studies on Cotton Yarn Imperfections.
Textile Res.J. $\underline{25}$, 446 (1955)

[212] ZELLWEGER AG — Die Auswertung der Amplituden der Spektrogramme in Absolutwerten.
Information Nr. 133.826 D,d, Bl. 1 bis 7 (22.3.1956)

[213] HANNAH, M. und S. RODDEN — Variance-Length Relations in a Yarn with Restricted Variation in Fibre Position.
J.Textile Inst. $\underline{47}$, T 402 (1956)

[214] TAYLOR, M.M. — Faktors Causing Variations in Judgement of Fabric.
J.Textile Inst. $\underline{47}$, P 411 (1956)

[215] FUJINO, K. und S. KAWABATA — Theoretical Analysis on the Spectral Density of Random Slivers.
J.Text.Mach.Soc.Jap. Vol. 5, Nr. 1, 1 (1959)

[216] WARBURTON, P. und G.V. LUND — Colour and Textiles. Parts I, II and III.
J.Textile Inst. $\underline{47}$, P 305, P 319, P 347 (1956)

[217] FRIEDEMANN, W. — Optische Gleichmäßigkeitsprüfung am laufenden Faden.
Deutsche Textiltechnik $\underline{8}$, 152, 173 (1958)

[218] DE BARR, A.E. und P.G. WALKER
Fibre Distribution in Blended Yarns. A Summary and Discussion.
J. Textile Inst. $\underline{49}$, P 353 (1958)

[219] UNO, M., H. SAITO, A. SHIOMI und T. HIRAMATU
Photoelectric Twist Irregularity Tester.
Textile Res. J. $\underline{29}$, 550 (1959)

[220] WEGENER, W. und E.G. HOTH
Lage und Weite der 95 %-Vertrauensbereich zweier Durchschnitte, deren Unterschied gerade gesichert ist.
Melliand Textilber. $\underline{42}$, 504 (1961)

# FORSCHUNGSBERICHTE DES LANDES NORDRHEIN-WESTFALEN

Herausgegeben durch das Kultusministerium

## TEXTILFASERFORSCHUNG · TEXTILCHEMIE · TEXTILPHYSIK TEXTILTECHNIK · WÄSCHEREIFORSCHUNG

**HEFT 3**
*Techn.-Wissenschaftl. Büro für die Bastfaserindustrie, Bielefeld*
Untersuchungsarbeiten zur Verbesserung des Leinenwebstuhls
*1952, 44 Seiten, 7 Abb., 3 Tabellen, DM 12,50*

**HEFT 9**
*Techn.-Wissenschaftl. Büro für die Bastfaserindustrie, Bielefeld*
Untersuchungen über die zweckmäßige Wicklungsart von Leinengarnkreuzspulen unter Berücksichtigung der Anwendung hoher Geschwindigkeiten des Garnes
Vorversuche für Zetteln und Schären von Leinengarnen auf Hochleistungsmaschinen
*1952, 48 Seiten, 7 Abb., 7 Tabellen, DM 9,25*

**HEFT 13**
*Techn.-Wissenschaftl. Büro für die Bastfaserindustrie, Bielefeld*
Das Naßspinnen von Bastfasergarnen mit chemischen Zusätzen zum Spinnbad
*1953, 52 Seiten, 4 Abb., 19 Tabellen, DM 10,—*

**HEFT 15**
*Wäschereiforschung Krefeld*
Trocknen von Wäschestoffen. I. Lufttrocknung: Untersuchungen an Tumblern
*1953, 40 Seiten, 14 Abb., 2 Tabellen, DM 9,—*

**HEFT 17**
*Ingenieurbüro Herbert Stein, M.-Gladbach*
Untersuchung der Verzugsvorgänge in den Streckwerken verschiedener Spinnereimaschinen. 1. Bericht: Vergleichende Prüfung mit verschiedenen Dickenmeßgeräten
*1952, 36 Seiten, 15 Abb., DM 8,—*

**HEFT 18**
*Wäschereiforschung Krefeld*
Grundlagen zur Erfassung der chemischen Schädigung beim Waschen
*1953, 68 Seiten, 15 Abb., 15 Tabellen, DM 12,75*

**HEFT 19**
*Techn.-Wissenschaftl. Büro für die Bastfaserindustrie, Bielefeld*
Die Auswirkung des Schlichtens von Leinengarnketten auf den Verarbeitungswirkungsgrad sowie die Festigkeit und Dehnungsverhältnisse der Garne und Gewebe
*1953, 48 Seiten, 1 Abb., 9 Tabellen, DM 9,—*

**HEFT 20**
*Techn.-Wissenschaftl. Büro für die Bastfaserindustrie, Bielefeld*
Trocknung von Leinengarnen I
Vorgang und Einwirkung auf die Garnqualität
*1953, 62 Seiten, 18 Abb., 5 Tabellen, DM 12,—*

**HEFT 21**
*Techn.-Wissenschaftl. Büro für die Bastfaserindustrie, Bielefeld*
Trocknung von Leinengarnen II
Spulenanordnung und Luftführung beim Trocknen von Kreuzspulen
*1953, 66 Seiten, 22 Abb., 9 Tabellen, DM 13,—*

**HEFT 22**
*Techn.-Wissenschaftl. Büro für die Bastfaserindustrie, Bielefeld*
Die Reparaturanfälligkeit von Webstühlen
*1953, 28 Seiten, 7 Abb., 5 Tabellen, DM 5,80*

**HEFT 26**
*Techn.-Wissenschaftl. Büro für die Bastfaserindustrie, Bielefeld*
Vergleichende Untersuchungen zweier neuzeitlicher Ungleichmäßigkeitsprüfer für Bänder und Garne hinsichtlich ihrer Eignung für die Bastfaserspinnerei
*1953, 64 Seiten, 30 Abb., DM 12,50*

**HEFT 29**
*Techn.-Wissenschaftl. Büro für die Bastfaserindustrie, Bielefeld*
Die Ausnützung der Leinengarne in Geweben
*1953, 100 Seiten, 14 Abb., 10 Tabellen, DM 17,80*

**HEFT 32**
*Techn.-Wissenschaftliches Büro für die Bastfaserindustrie, Bielefeld*
Der Einfluß der Natriumchloritbleiche auf Qualität und Verwebbarkeit von Leinengarnen und die Eigenschaften des Leinengewebe unter besonderer Berücksichtigung des Einsatzes von Schützen- und Spulenwechselautomaten in der Leinenweberei
*1953, 64 Seiten, 2 Abb., 12 Tabellen, DM 11,50*

**HEFT 34**
*Textilforschungsanstalt Krefeld*
Quellungs- und Entquellungsvorgänge bei Faserstoffen
*1953, 52 Seiten, 13 Abb., 13 Tabellen, DM 9,80*

**HEFT 35**
*Prof. Dr. W. Kast, Krefeld*
Feinstrukturuntersuchungen an künstlichen Zellulosefasern verschiedener Herstellungsverfahren. Teil I: Der Orientierungszustand
*1953, 74 Seiten, 30 Abb., 7 Tabellen, DM 13,80*

**HEFT 41**
*Techn.-Wissenschaftl. Büro für die Bastfaserindustrie, Bielefeld*
Untersuchungsarbeiten zur Verbesserung des Leinenwebstuhles II
*1953, 40 Seiten, 4 Abb., 5 Tabellen, DM 7,80*

**HEFT 63**
*Textilforschungsanstalt Krefeld*
Neue Methoden zur Untersuchung der Wirkungsweise von Textilhilfsmitteln
Untersuchungen über Schlichtungs- und Entschlichtungsvorgänge
*1954, 34 Seiten, 1 Abb., 5 Tabellen, DM 6,80*

**HEFT 64**
*Textilforschungsanstalt Krefeld*
Die Kettenlängenverteilung von hochpolymeren Faserstoffen
Über die fraktionierte Fällung von Polyamiden
*1954, 44 Seiten, 13 Abb., DM 8,60*

**HEFT 69**
*Wäschereiforschung Krefeld*
Bestimmung des Faserabbaues bei Leinen unter besonderer Berücksichtigung der Leinengarnbleiche
*1954, 48 Seiten, 15 Abb., 3 Tabellen, DM 9,60*

**HEFT 70**
*Wäschereiforschung Krefeld*
Trocknen von Wäschestoffen. II. Kontakttrocknung: Untersuchungen über den Trockenvorgang und die Wäschebeanspruchung bei der Kontakttrocknung
*1954, 42 Seiten, 18 Abb., 3 Tabellen, DM 10,—*

**HEFT 79**
*Techn.-Wissenschaftl. Büro für die Bastfaserindustrie, Bielefeld*
Trocknung von Leinengarnen III
Spinnspulen- und Spinnkopftrocknung
Vorgang und Einwirkung auf die Garnqualität
*1954, 74 Seiten, 18 Abb., 10 Tabellen, DM 14,—*

**HEFT 80**
*Techn.-Wissenschaftl. Büro für die Bastfaserindustrie, Bielefeld*
Die Verarbeitung von Leinengarn auf Webstühlen mit und ohne Oberbau
*1954, 30 Seiten, 2 Abb., 2 Tabellen, DM 6,—*

**HEFT 84**
*Dr. H. Baron, Düsseldorf*
Über Standardisierung von Wundtextilien
*1954, 32 Seiten, DM 6,40*

**HEFT 85**
*Textilforschungsanstalt Krefeld*
Physikalische Untersuchungen an Fasern, Fäden, Garnen und Geweben:
Untersuchungen am Knickscheuergerät nach Weltzien
*1954, 40 Seiten, 11 Abb., 8 Tabellen, DM 10,—*

**HEFT 92**
*Techn.-Wissenschaftl. Büro für die Bastfaserindustrie, Bielefeld und Institut für textile Meßtechnik, M.-Gladbach*
Messungen von Vorgängen am Webstuhl
*1954, 76 Seiten, 45 Abb., DM 15,50*

**HEFT 93**
*Prof. Dr. W. Kast, Krefeld*
Spinnversuche zur Strukturerfassung künstlicher Zellulosefasern
*1954, 82 Seiten, 39 Abb., 6 Tabellen, DM 16,—*

**HEFT 97**
*Ing. H. Stein, M.-Gladbach*
Untersuchung der Verzugsvorgänge an den Streckwerken verschiedener Spinnereimaschinen
2. Bericht: Ermittlung der Haft-Gleiteigenschaften von Faserbändern und Vorgarnen
*1955, 98 Seiten, 54 Abb., DM 21,—*

**HEFT 119**
*Dr.-Ing. O. Viertel, Krefeld*
Wäscherei- und energietechnische Untersuchung einer Gemeinschafts-Waschanlage
*1955, 50 Seiten, 18 Abb., DM 10,20*

**HEFT 159**
*Dr.-Ing. O. Viertel und O. Oldenroth, Krefeld*
Das Bleichen von Weißwäsche mit Wasserstoffsuperoxyd bzw. Natriumhypochlorit beim maschinellen Waschen
*1955, 54 Seiten, 23 Abb., 2 Tabellen, DM 11,45*

**HEFT 161**
*Prof. Dr. W. Weltzien und Dr. G. Hauschild, Krefeld*
Über Silikone und ihre Anwendung in der Textilveredlung
*1955, 162 Seiten, 22 Abb., 10 Tabellen, DM 27,—*

**HEFT 163**
*Dipl.-Ing. W. Rohs und Text.-Ing. H. Griese, Bielefeld*
Untersuchungsarbeiten zur Verbesserung des Leinenwebstuhls III
*1955, 80 Seiten, 15 Abb., 18 Tabellen, DM 15,80*

**HEFT 171**
*Wäschereiforschung Krefeld*
Untersuchung der Wäscheentwässerung mit Hilfe von Zentrifugen und Pressen
*1955, 42 Seiten, 16 Abb., 4 Tabellen, DM 9,70*

**HEFT 172**
*Dipl.-Ing. W. Rohs, Dr.-Ing. G. Satlow und Text.-Ing. G. Heller, Bielefeld*
Trocknung von Hanfgarnen. Kreuzspultrocknung
*1955, 60 Seiten, 7 Abb., 4 Tabellen, DM 10,30*

**HEFT 173**
*Prof. Dr. R. Hosemann und Dipl.-Phys. G. Schoknecht, Berlin, vorgelegt von Prof. Dr. W. Kast, Krefeld*
Lichtoptische Herstellung und Diskussion der Faltungsquadrate parakristalliner Gitter
*1956, 108 Seiten, 63 Abb., 6 Tabellen, DM 24,70*

**HEFT 185**
*Dipl.-Ing. W. Rohs und Text.-Ing. G. Heller, Bielefeld*
Studien an einem neuzeitlichen Kreuzspultrockner für Bastfasergarne mit Wiederbefeuchtungszone
*1955, 52 Seiten, 9 Abb., 3 Tabellen, DM 10,70*

**HEFT 196**
*Dipl.-Ing. W. Rohs und Text.-Ing. H. Griese, Bielefeld*
Auswirkungen von Garnfehlern bei der Verarbeitung von Leinengarnen
*1955, 24 Seiten, 3 Abb., 6 Tabellen, DM 7,80*

**HEFT 199**
*Textilforschungsanstalt Krefeld*
Die Messung von Gewebetemperaturen mittels Temperaturstrahlung
*1955, 50 Seiten, 12 Abb., DM 10,90*

**HEFT 226**
*Technisch-wissenschaftliches Büro für die Bastfaserindustrie, Bielefeld*
Untersuchungen zur Verbesserung des Leinenwebstuhles IV
Die Wirkung verschiedener Kettbaumbremsen auf die Verwebung von Leinengarnen
*1956, 64 Seiten, 9 Abb., 4 Tabellen, DM 13,50*

**HEFT 236**
*Dr.-Ing. O. Viertel und S. Lucas, Krefeld*
Ergebnisse einer Hausfrauenbefragung über Wascheinrichtungen und Waschmethoden in städtischen Haushaltungen
*1956, 34 Seiten, 4 Abb., DM 7,60*

**HEFT 238**
*Institut für textile Meßtechnik e. V., M.-Gladbach*
Untersuchungen der Verzugsvorgänge an den Streckwerken verschiedener Spinnereimaschinen. 3. Bericht: Theoretische Betrachtungen über den Einfluß schlagender Zylinder und Druckrollen
*1956, 66 Seiten, 21 Abb., DM 14,10*

**HEFT 260**
*Prof. Dr. A. H. Stuart und Dipl.-Phys. H. G. Fendler, Hannover*
Lichtzerstreuungsmessungen an Lösungen hochpolymerer Stoffe
*1956, 70 Seiten, 20 Abb., 5 Tabellen, DM 15,60*

**HEFT 261**
*Prof. Dr. W. Kast, Freiburg (Br.)*
Feinstruktur-Untersuchungen an künstlichen Zellulosefasern verschiedener Herstellungsverfahren.
Teil II: Der Kristallisationszustand
*1956, 80 Seiten, 27 Abb., 11 Tabellen, DM 17,20*

**HEFT 273**
*Fa. K. H. W. Tacke G.m.b.H., Wuppertal-Barmen*
Erfahrungen beim Verspinnen von Perlonfasern und bei der Herstellung von Trikotagen aus gesponnenem Perlon
*1956, 36 Seiten, DM 7,90*

**HEFT 292**
*Dipl.-Ing. W. Rohs und Text.-Ing. H. Griese, Bielefeld*
Webversuche an Leinenwebstühlen mit verbesserter Schaftbewegung
*1956, 34 Seiten, 3 Abb., 2 Tabellen, DM 7,60*

**HEFT 301**
*Prof. Dr. W. Weltzien, Dr. G. Cossmann und P. Diehl, Krefeld*
Über die fraktionierte Fällung von Polyamiden (II)
*1956, 54 Seiten, 1 Abb., 16 Tabellen, DM 11,30*

**HEFT 302**
*Prof. Dr.-Ing. W. Wegener und Dipl.-Ing. W. Zahn, Aachen*
Untersuchungen von gesponnenen Garnen auf ihre Gleichmäßigkeit nach verschiedenen Meßmethoden
*1957, 58 Seiten, 34 Abb., DM 15,20*

**HEFT 307**
*Privat-Doz. Dr. J. Juilfs, Krefeld*
Vergleichende Untersuchungen zur elastischen und bleibenden Dehnung von Fasern
*1956, 36 Seiten, 11 Abb., DM 8,30*

**HEFT 308**
*Privat.-Doz. Dr. J. Juilfs, Krefeld*
Zur Messung der Fadenglätte
*1956, 22 Seiten, 10 Abb., 2 Tabellen, DM 8,—*

**HEFT 338**
*Prof. Dr.-Ing. W. Wegener Aachen, und Dipl.-Ing. J. Schneider, M.-Gladbach*
Die Bedeutung der Knotenart für die Herabminderung der Fadenbrüche
*1957, 40 Seiten, 6 Abb., 17 Tabellen, DM 9,80*

**HEFT 339**
*Prof. Dr.-Ing. W. Wegener und Dipl.-Ing. W. Zahn, Aachen*
Vergleich des normalen mit verschiedenen abgekürzten Baumwollspinnverfahren in bezug auf Gleichmäßigkeit und Sortierungsstreuung der Garne
*1956, 56 Seiten, 17 Abb., 17 Tabellen, DM 12,70*

**HEFT 340**
*Dipl.-Ing. W. Rohs und Dipl.-Ing. R. Otto, Bielefeld*
Das Naßspinnen von Bastfasergarnen mit Spinnbadzusätzen unter Ausnutzung einer zentralen Spinnwasserversorgungsanlage
*1956, 56 Seiten, 2 Abb., 6 Tabellen, DM 11,60*

**HEFT 358**
*Prof. Dr. rer. nat. W. Weltzien, Dipl.-Chem. P. Ringel und Text.-Ing. H. Kirchhoff, Krefeld*
Die Waschechtheit von Färbungen. Vergleichende Untersuchungen auf dem Gebiete der Echtheitsprüfung
*1958, 26 Seiten, 12 Farbtafeln, DM 58,—*

**HEFT 378**
*Oberingenieur H. Stein, M.-Gladbach*
Beobachtung und maßtechnische Erfassung der Vorgänge im Spinn- und Aufwindefeld von Ringspinn- und Ringzwirnmaschinen
*1957, 104 Seiten, 88 Abb., 3 Tabellen, DM 26,90*

**HEFT 379**
*Institut für textile Meßtechnik, M.-Gladbach*
Schußfadenspannung beim Weben
*1957, 76 Seiten, 17 Abb., 47 Diagramme, 3 Tabellen, DM 18,60*

**HEFT 381**
*Priv.-Doz. Dr. habil. J. Juilfs, Krefeld*
Zur Dichtebestimmung von Fasern. Methoden und Beispiele der praktischen Anwendung
*1957, 76 Seiten, 34 Abb., 18 Tabellen, DM 17,—*

**HEFT 393**
*Dr.-Ing. O. Viertel und S. Brückner-Lucas, Krefeld*
Arbeitszeitstudien an Haushaltwaschmaschinen
*1957, 74 Seiten, 8 Abb., 13 Tabellen, DM 17,30*

**HEFT 397**
*Dipl.-Ing. W. Rohs und Dipl.-Ing. R. Otto, Bielefeld*
Ungleichmäßigkeiten in Bändern von Bastfaserkarden, ihre Ursachen und Auswirkungen
*1957, 60 Seiten, 18 Abb., 42 Diagramme, DM 14,80*

**HEFT 433**
*Dr.-Ing. G. Satlow, Aachen*
Über einige physikalische und chemische Eigenschaften der Wolle von der gewaschenen Wolle bis zum Kammzug
*1957, 72 Seiten, 15 Abb., 19 Tabellen, DM 15,25*

**HEFT 434**
*Dipl.-Ing. W. Rohs und Dr. I. Geurten, Bielefeld*
Schlichten für Baumwollgarne
*1957, 96 Seiten, 3 Abb., zahlreiche Tabellen, DM 23,70*

**HEFT 435**
*Dipl.-Ing. W. Rohs und Dipl.-Ing. L. Steinmetz, Bielefeld*
Die Masseungleichmäßigkeit von Flachstreckenbändern in Abhängigkeit von Verzug und Dopplung
*1957, 42 Seiten, 4 Abb., 2 Tabellen, DM 9,90*

**HEFT 436**
*Priv.-Doz. Dr. habil. J. Juilfs, Krefeld*
Zur Bestimmung der Reißlast (Zugfestigkeit) von Fasern, Fäden und Garnen
*1959, 26 Seiten, 7 Abb., 5 Tabellen, DM 8,60*

**HEFT 442**
*Dipl.-Ing. W. Rohs, Text.-Ing. H. Griese und Text.-Ing. W. Lauer, Bielefeld*
Die Auswirkungen der Trocknungsart naßgesponnener Leinengarne auf deren Verarbeitungswirkungsgrad sowie auf die Festigkeits- und Dehnungseigenschaften der Garne und Gewebe
*1957, 28 Seiten, 2 Abb., 3 Tabellen, DM 6,50*

**HEFT 452**
*Prof. Dr. rer. nat. W. Weltzien und Dr. phil. K. Windeck, Krefeld*
Veränderungen an Fasern bei der Bleiche mit Natriumchlorid und über einige Vergilbungserscheinungen
*1957, 64 Seiten, 3 Abb., 13 Tabellen, DM 14,85*

**HEFT 479**
*Prof. Dr.-Ing. W. Wegener, Aachen und Dipl.-Ing. H. Fourné, Bochum*
Ursachen des Überschreitens der Toleranzgrenze nach oben oder unten (Meter pro Gramm) an der Strecke
*1958, 60 Seiten, 17 Abb., 3 Tabellen, DM 14,60*

**HEFT 494**
*Dipl.-Ing. W. Rohs und Text.-Ing. H. Griese, Bielefeld*
Entwicklung und Erprobung eines verbesserten elektrischen Kettfadenwächtergeschirrs für die Leinen- und Halbleinenweberei
*1957, 56 Seiten, 9 Abb., 11 Tabellen, DM 13,—*

**HEFT 496**
*Dipl.-Chem. P. Vogel, Krefeld*
Färberische Eigenschaften von zur Herstellung von Verdickungen in der Stoffdruckerei bestimmten Stoffen
*1957, 38 Seiten, 3 Abb., 3 Tabellen, DM 9,30*

**HEFT 498**
*Prof. Dr.-Ing. H. Zahn und Dr. rer. nat. W. Gerstner, Aachen*
Herstellung säurefester technischer Gewebe
*1957, 40 Seiten, 8 Abb., DM 9,65*

**HEFT 499**
*Priv.-Doz. Dr. J. Juilfs, Krefeld*
Die Bestimmung des Wasserrückhaltevermögens (bzw. des Quellwertes) von Fasern
*1958, 42 Seiten, 8 Abb., 8 Tabellen, DM 10,35*

**HEFT 500**
*Priv.-Doz. Dr. habil. J. Juilfs, Krefeld*
Vergleichende Untersuchungen am Schopper-Scheuerprüfgerät
*1958, 60 Seiten, 34 Abb., verschied. Tabellen, DM 18,10*

**HEFT 501**
*Dipl.-Ing. W. Rohs und Dr. I. Geurten, Bielefeld*
Untersuchungen in der Leinengarnbleiche
*1958, 50 Seiten, 5 Abb., 5 Tabellen, DM 11,50*

**HEFT 587**
*Dipl.-Ing. H. Schmidt, Krefeld*
Auswirkung der Strömungsverhältnisse in Trommelwaschmaschinen unter besonderer Berücksichtigung des Durchlaufspülens
*1958, 20 Seiten, 8 Abb., DM 8,45*

**HEFT 609**
*Dipl.-Ing. W. Rohs und Dipl.-Ing. L. Steinmetz, Technisch-Wissenschaftliches Büro für die Bastfaserindustrie, Bielefeld*
Verteilung der Bastfasern im Verzugsfeld einer Nadelstabstrecke
*1958, 42 Seiten, 10 Abb., 2 Tabellen, DM 13,45*

**HEFT 614**
*Prof. Dr. W. Weltzien, Priv.-Dozent Dr. rer. nat. habil. J. Juilfs und Dr. rer. nat. W. Bubser, Krefeld*
Die Textilforschungsanstalt Krefeld 1920—1958
Ein Bericht zur Einweihung ihres Neubaus Frankenring 2
*1958, 78 Seiten, 11 Abb., 5 Baupläne, DM 23,80*

**HEFT 621**
*Techn.-Wissensch. Büro für die Bastfaserindustrie, Bielefeld*
Untersuchungen zur Verbesserung des Leinenwebstuhles V
*1958, 42 Seiten, 6 Abb., 8 Tabellen, DM 11,30*

**HEFT 632**
*Prof. Dr.-Ing. W. Wegener, Aachen*
Aufstellung und Vergleich von Variance-within- und Variance-between-Kurven von Garnen, die nach verschiedenen Spinnverfahren hergestellt werden
*1958, 72 Seiten, 35 Abb., DM 19,10*

**HEFT 633**
*Prof. Dr.-Ing. W. Wegener und Dipl.-Ing. E. Haase-Deyerling, Aachen*
Entwicklung und Bau eines vollautomatischen Faserlängenprüfgerätes (Stapelprüfgerät) auf kapazitiver Grundlage, Erprobungen dieses Gerätes und Vergleich mit den bislang üblichen Verfahren auf manueller Basis
*1958, 32 Seiten, 15 Abb., 5 Tabellen, DM 10,10*

**HEFT 654**
*Obering. H. Stein und Text.-Ing. H. v. d. Weyden Institut für Textile Meßtechnik, M.-Gladbach Dipl.-Ing. Waldemar Rohs und Text.-Ing. H. Griese Techn.-Wissenschaftl. Büro für die Bastfaserindustrie Bielefeld*
Untersuchungen an Spulvorrichtungen in der Leinen- und Halbleinenweberei
*1958, 98 Seiten, 29 Abb., DM 23,80*

**HEFT 674**
*Dipl.-Ing. W. Rohs, Bielefeld*
Die Ausnutzung der Garnfestigkeit in Halbleinengeweben
*1958, 60 Seiten, 6 Abb., DM 14,30*

**HEFT 699**
*Dr.-Ing. Erich Wagner, Wuppertal*
Studium der Drehungsverhältnisse an Perlon und Nylongarnen zur Herstellung von Strumpfgewirken
*1959, 30 Seiten, 11 Abb., DM 9,20*

**HEFT 700**
*Oberingenieur H. Stein, M.-Gladbach*
Zugprüfungen an Textilien mit einer weglosen, elektronischen Kraftmeßeinrichtung
*1958, 103 Seiten, 62 Abb., 3 Tabellen, DM 32,—*

**HEFT 722**
*Dr.-Ing. O. Viertel, und Eva Malz, Krefeld*
Mechanische Wäschebeanspruchung und Waschwirkung in Rührwerkmaschinen
*1959, 59 Seiten, 25 Abb., 23 Tabellen, DM 16,50*

**HEFT 730**
*Obering. H. Stein und Dipl.-Phys. S. Hobe, M.-Gladbach*
Gerät zum Auffinden von Fadenverdickungen bei hohen Prüfgeschwindigkeiten
*1959, 56 Seiten, 28 Abb., 2 Tabellen, DM 14,80*

**HEFT 731**
*Dr.-Ing. G. Satlow, Aachen*
Hautwolle und Schurwolle. Eine Gegenüberstellung ihrer wichtigsten chemischen und physikalischen Eigenschaften
*1959, 96 Seiten, 4 Abb., 31 Tabellen, DM 23,60*

**HEFT 732**
*Dipl.-Ing. W. Rohs und Dipl.-Ing. R. Otto, Bielefeld*
Messung von Verzugskräften in Nadelfeldern von Bastfaserstrecken
*1959, 40 Seiten, 9 Abb., 4 Tabellen, DM 11,60*

**HEFT 749**
*Dipl.-Ing. W. Rohs und Text.-Ing. H. Griese, Bielefeld*
Einfluß verschiedener Webfaktoren auf die Krumpfung von Halbleinen- und Baumwollgeweben
*1959, 28 Seiten, 2 Abb., 10 Tabellen, DM 8,60*

**HEFT 761**
*Dr. I. Lambrinou-Geurten, Bielefeld*
Untersuchungen zur rationellen Durchfärbbarkeit von Bastfasergarnen
*1959, 54 Seiten, 1 Abb., 16 Tabellen, DM 14,10*

**HEFT 790**
*Prof. Dr. W. Kast, Freiburg (Breisgau)*
Fließvorgänge in der Spinndüse und dem Blaukonus des Cuoxam-Verfahrens
*1960, 131 Seiten, 59 Abb., 37 Tabellen, DM 36,50*

**HEFT 816**
*Dr. rer. nat. H. Pfannmüller, Textilchemikerin M. Pfannmüller und Prof. Dr.-Ing. H. Zahn, Aachen*
Die Bewetterung chemisch modifizierter Wollgarne
*1960, 28 Seiten, DM 10,10*

**HEFT 817**
*Dr. rer. nat. H. Kessler, Aachen*
Die Zwei- und Dreifaseranalyse auf Grund der Bestimmung von Cystin und Stickstoff
*1960, 28 Seiten, DM 8,70*

**HEFT 818**
*Prof. Dr.-Ing. W. Wegener, Aachen*
Grundlegende Untersuchungen zur Frage der Spinnavivierung von Rohbaumwolle
*1959, 33 Seiten, DM 10,70*

**HEFT 839**
*Prof. Dr. J. Juilfs, Krefeld*
Zur Bestimmung der Absolutdichte von Fasern
*1960, 24 Seiten, 5 Abb., 3 Tabellen, DM 8,10*

**HEFT 846**
*Oberingenieur H. Stein und Ing. Eidelsburger, Mönchengladbach*
Untersuchungen an Baumwollkarden zwecks Ermittlung der Fehlerursachen für Dickeschwankungen
*1960, 46 Seiten, 23 Abb., DM 14,30*

**HEFT 850**
*Dr.-Ing. O. Viertel, Krefeld*
Maßänderung und Faserbeanspruchung von Wäschestoffen bei verschiedenen Trocknungsverfahren
*1960, 34 Seiten, 9 Abb., 12 Tabellen, DM 10,70*

**HEFT 865**
*Textil.-Ing. J. Ilg, Krefeld*
Ermittlung des Gebrauchswertes von Handtüchern verschiedener Qualität
*1960, 45 Seiten, 6 Abb., 22 Tabellen, DM 13,20*

**HEFT 869**
*Dipl.-Ing. W. Rohs und Textil-Ing. H. Griese, Bielefeld*
Zusammenwirken von Kett- und Schußfadenspannungen und ihr Einfluß auf den Gewebeausfall
*1960, 32 Seiten, 4 Abb., 6 Tabellen, DM 9,90*

**HEFT 879**
*Dipl.-Chem. Dr. H. G. Fröhlich, Mönchengladbach*
Einsatz von künstlichen Eiweißfasern in Mischung mit Wolle und Kaninhaar zur Herstellung von Hutfilzen
*1960, 42 Seiten, 15 Abb., 10 Tabellen, DM 12,90*

**HEFT 885**
*Dr. J. Lambrinou, Krefeld*
Einfluß von Fettzusätzen auf das rheologische Verhalten von Schlichteflotten
*1960, 58 Seiten, 18 Abb., 3 Tabellen, DM 16,50*

**HEFT 892**
*Dipl.-Ing. H. Schmidt, Krefeld*
Untersuchung über die Wäschebewegung in Trommelwaschmaschinen unter besonderer Berücksichtigung der Reinigungswirkung und des Faserabriebs
*1960, 28 Seiten, 9 Abb., DM 9,—*

**HEFT 896**
*Prof. Dr.-Ing. W. Wegener, Aachen*
Einfluß der höheren Vorgarndrehung geflyerter Lunten auf die Ungleichmäßigkeit und die dynamometrischen Eigenschaften des fertigen Garnes
*1960, 28 Seiten, 12 Abb., 3 Tabellen, DM 9,20*

**HEFT 897**
*Prof. Dr.-Ing. W. Wegener und Dipl.-Ing. D. Quambusch, Aachen*
Zusammenhang zwischen dem Raumklima und der elektrostatischen Aufladung des Spinnmaterials

---

## Volks- und betriebswirtschaftliche Untersuchungen auf dem Textilgebiet

**HEFT 186**
*Dr. E. Wedekind, Krefeld*
Untersuchungen zur Arbeitsbestgestaltung bei der Fertigstellung von Oberhemden in gewerblichen Wäschereien
*1955, 124 Seiten, 28 Abb., 6 Tabellen, 2 Falttafeln, DM 12,—*

**HEFT 197**
*Dr. E. Wedekind, Krefeld*
Untersuchungen zur Bestimmung der optimalen Arbeitsplatzgröße bei Mehrstuhlarbeit in der Weberei
*1955, 92 Seiten, 34 Abb., DM 18,50*

**HEFT 222**
*Dr. L. Köllner, Münster und Dipl.-Volkswirt M. Kaiser, Bochum*
Die internationale Wettbewerbsfähigkeit der westdeutschen Wollindustrie
*1956, 214 Seiten, 5 Abb., DM 39,50*

**HEFT 323**
*Prof. Dr. R. Seyffert, Köln*
Wege und Kosten der Distribution der Textilien, Schuh- und Lederwaren
*1956, 98 Seiten, 37 Tabellen, 1 Falttafel, DM 12,—*

**HEFT 607**
*Dr. H. Schlachter, Münster*
Die Wettbewerbslage der westdeutschen Juteindustrie
*1958, 137 Seiten, 35 Tab., DM 32,—*

**HEFT 631**
*Dr. E. Wedekind, Krefeld*
Der Einfluß der Automatisierung auf die Struktur der Maschinen und Arbeiterzeiten am mehrstelligen Arbeitsplatz in der Textilindustrie
*1958, 86 Seiten, 34 Abb., DM 21,10*

**HEFT 715**
*Dr. E. Wedekind, Krefeld*
Die Auftragsplanung und Arbeitsorganisation in gewerblichen Wäschereien
*1959, 116 Seiten, 25 Abb., DM 29,50*

**HEFT 819**
*Dipl.-Volkswirt Dr. H. H. Kaup, Münster*
Einkommen und Textilverbrauch
*1960, 92 Seiten, 34 Tabellen, DM 23,20*

**HEFT 826**
*Wäschereiforschung Krefeld e. V.*
Arbeitszeitstudien an Haushaltsbottichwaschmaschinen gleicher Art und Größe mit verschiedener Ausstattung
*1960, 37 Seiten, 10 Abb., 4 Tabellen, DM 12,20*

**HEFT 827**
*Dr.-Ing. E. Sattler, Verband Deutscher Streichgarnspinner, Düsseldorf*
Disposition mit Arbeitsvorbereitung und Vertriebsvorbereitung in der einstufigen (Verkaufs-) Streichgarnspinnerei
*1960, 60 Seiten, DM 15,90*

**HEFT 828**
*C. Brzeskiewicz, Verband der Deutschen Tuch- und Kleiderstoffindustrie e. V., Köln, im Verein mit dem Ausschuß für wirtschaftliche Fertigung e. V., Düsseldorf*
Disposition mit Arbeitsvorbereitung und Vertriebsvorbereitung in der Tuch- und Kleiderstoffindustrie
*1960, 67 Seiten, 8 Anlagen, DM 17,90*

**HEFT 847**
*Oberingenieur H. Stein und Ing. M. Eidelsburger, Mönchengladbach*
Untersuchung über den Ablauf der Arbeitsvorgänge bei Schlagmaschinen in Baumwoll- und Zellwollaufbereitungsanlagen
*1960, 54 Seiten, 29 Abb., DM 16,70*

**HEFT 874**
*Dr. E. Wedekind und Textil-Ing. H. Kokerbeck, Krefeld*
Untersuchungen über rationelle Arbeitsweisen bei Preß- und Bügelvorgängen in Chemisch-Reinigungsbetrieben
*1960, 102 Seiten, 17 Abb., zahlr. Tabellen, DM 26,50*

---

Ein Gesamtverzeichnis der Forschungsberichte, die folgende Gebiete umfassen, kann bei Bedarf vom Verlag angefordert werden:

Acetylen / Schweißtechnik – Arbeitspsychologie und -wissenschaft – Bau / Steine / Erden – Bergbau – Biologie – Chemie – Eisenverarbeitende Industrie – Elektrotechnik / Optik – Fahrzeugbau / Gasmotoren – Farbe / Papier / Photographie – Fertigung – Gaswirtschaft – Hüttenwesen / Werkstoffkunde – Luftfahrt / Flugwissenschaften – Maschinenbau – Medizin / Pharmakologie / Physiologie – NE-Metalle – Physik / Schall / Ultraschall – Schiffahrt – Textiltechnik / Faserforschung / Wäschereiforschung – Turbinen – Verkehr – Wirtschaftswissenschaften.

If you have any concerns about our products,
you can contact us on
**ProductSafety@springernature.com**

In case Publisher is established outside the EU,
the EU authorized representative is:
**Springer Nature Customer Service Center GmbH**
**Europaplatz 3, 69115 Heidelberg, Germany**

Printed by Libri Plureos GmbH
in Hamburg, Germany